高等职业教育“十四五”规划教材

Java Web 程序设计与开发

白　云　主编

中国农业大学出版社
·北京·

内容简介

本书系统讲解了 Java Web 应用开发的核心技术和实践，涵盖了从基础到高级的各个方面，具体内容包括 Java Web 应用概述、JSP 的语法和内置对象、Servlet 详解、EL 与 JSTL 标签库、过滤器与监听器、分页技术和文件上传、JUnit 单元测试等。最后，本书通过综合案例——物流管理平台，引导读者掌握 MVC 模式和实际项目的开发流程。此外，本书在每章末尾附有“本章小结”和“练习巩固”，以帮助读者及时回顾并巩固所学知识。

本书内容丰富，结构清晰，既注重理论讲解，又重视实践操作。本书可作为初学者学习 Java Web 程序设计与开发的入门教材，也可作为有一定基础的程序开发者的进阶教材和参考用书。

图书在版编目(CIP)数据

Java Web 程序设计与开发 / 白云主编 . -- 北京 ：中国农业大学出版社，2024.9.
ISBN 978-7-5655-3316-7

Ⅰ. TP312.8

中国国家版本馆 CIP 数据核字第 2024XD5476 号

书　　名　Java Web 程序设计与开发
作　　者　白　云　主编

策划编辑　张　玉　郭建鑫　　**责任编辑**　杨俊梅
封面设计　中通世奥图文设计中心
出版发行　中国农业大学出版社
社　　址　北京市海淀区圆明园西路 2 号　　**邮政编码**　100193
电　　话　发行部 010-62733489,1190　　读者服务部 010-62732336
　　　　　　编辑部 010-62732617,2618　　出　版　部 010-62733440
网　　址　http://www.caupress.cn　　**E-mail** cbsszs@cau.edu.cn
经　　销　新华书店
印　　刷　运河(唐山)印务有限公司
版　　次　2025 年 2 月第 1 版　　2025 年 2 月第 1 次印刷
规　　格　185 mm×260 mm　　16 开本　　18.25 印张　　452 千字
定　　价　45.00 元

编写人员

主　　编　白　云（辽宁生态工程职业学院）

副主编　邱柱国（辽宁生态工程职业学院）
　　　　关　星（辽宁生态工程职业学院）
　　　　张　雨（辽宁生态工程职业学院）

参　　编　杜　尤（辽宁生态工程职业学院）
　　　　杨　雪（辽宁生态工程职业学院）
　　　　马　征（大连大胜广告公司）
　　　　张述平（辽宁金融职业学院）

前言

随着互联网技术的迅猛发展，Java Web 技术已经成为构建现代企业级 Web 应用的重要工具之一。Java 作为一种强大且广泛使用的编程语言，其丰富的库和强大的生态系统为 Web 开发提供了坚实的基础。党的二十大报告提出“加快发展数字经济，促进数字经济和实体经济深度融合，打造具有国际竞争力的数字产业集群”的任务。数字经济依赖于互联网、云计算、大数据等基础设施的建设。Java Web 技术是开发网络应用程序的重要工具，被广泛用于构建企业级应用、电子商务平台、在线服务、信息系统等。通过 Java Web 技术，可以构建高效、稳定的互联网服务平台，为数字经济的发展提供坚实的技术支持。数字产业集群的打造离不开各种技术和服务的集成，Java Web 作为一种主流的后端技术，支持多种应用场景，如电商、金融科技、物流等。它不仅能处理大规模的并发请求，还能确保数据的安全性与系统的稳定性，帮助企业构建强大的互联网服务体系，助力数字产业的成长。本书旨在帮助读者全面掌握 Java Web 程序设计与开发的知识和技能，从基础入门到高级应用，循序渐进，逐步深入。

第一章介绍 Java Web 应用概述，带领读者初识 Java Web，了解 Java Web 的基础知识和开发环境，并通过简单的实例使读者了解 Java Web 的应用开发。第二章详细介绍 JSP 的语法和内置对象，让读者能够掌握如何通过 JSP 页面来实现动态内容的生成。第三章从 Servlet 的基本概念到开发的注意事项，详细介绍 Servlet，使读者能够深入理解 Servlet 的工作机制和应用场景。第四章带领读者探索 EL 与 JSTL 标签库，这些工具能够极大地简化 JSP 页面的开发，提高开发的效率。第五章介绍过滤器与监听器，主要讲解如何通过过滤器和监听器来增强 Web 应用的功能性和安全性。第六章介绍分页技术和文件上传，并通过具体的案例讲解，帮助读者掌握实用技能。第七章介绍 JUnit 单元测试，这是一种保障代码质量的重要手段。通过对 JUnit 的介绍和案例实现，读者可以学会编写单元测试，以确保代码的可靠性和可维护性。第八章通过一个综合案例——物流管理平台的开发，系统地展示 Java Web 应用的开发过程，读者将从中学习如何应用所学知识，进行项目的分析、设计、实现，以及调试部署。

本书内容丰富，结构清晰，既注重理论讲解，又重视实践操作。每章末尾的“本章小结”和“练习巩固”部分可以帮助读者及时回顾和巩固所学知识。本书可作为初学者学习 Java Web 程序设计与开发的入门教材，也可作为有一定基础的程序开发者的进阶教材和参考用书。希望本书能够帮助读者在 Java Web 开发的道路上不断进步，取得成功。

本书由辽宁生态工程职业学院组织编写，由白云担任主编，邸柱国、关星、张雨担任副主编。同时，杜尤、杨雪、马征、张述平也参与了本书的编写工作。本书的编写还得到辽宁生态工程职业学院各级领导和大连大胜广告公司多位技术人员的帮助，在此深表感谢！

由于编者水平有限，本书的内容难免有欠妥之处，希望广大读者朋友提出宝贵的意见与建议。

编　者

2024 年 8 月

目录

第一章 Java Web应用概述

第一节 初识 Java Web

第一章 教学课件(原创)

Java Web 技术,是指使用 Java 技术来解决相关 Web 领域问题的技术总和。Web 领域主要包括 Web 客户端和 Web 服务器端 2 部分。Java 技术在 Web 客户端的应用有 Java Applet,不过由于安全性、性能等原因,目前 Java Applet 使用得很少。然而,Java 技术在 Web 服务器端的应用非常广泛,并且在现代 Web 开发中占据了重要地位。例如,Servlet、JSP(JavaServer Pages)以及各种第三方框架(如 Spring、Struts、Hibernate 等),都是 Java 技术在 Web 服务器端的重要组成部分。

Java 技术为 Web 领域的发展注入了强大的动力。最初 Java Web 的开发是基于 Servlet 技术。Servlet 是 Java 语言用于扩展服务器功能的一种技术,它能够动态地响应客户端的请求。Servlet 通过实现 javax. servlet. Servlet 接口来创建,并通过部署在 Servlet 容器(如 Apache Tomcat)中运行。Servlet 的出现使 Java 程序员可以方便地处理 HTTP 协议的(超文本传输协议)请求和响应,从而实现动态网页内容的生成。

随后,JSP 技术应运而生。JSP 是一种基于 Java 的动态网页开发技术,它允许开发者在 HTML(标准通用标记语言下的一个应用)页面中嵌入 Java 代码,从而生成动态内容。JSP 在本质上是 Servlet 的一种扩展,它将 Java 代码与 HTML 分离,使页面开发更加直观和简洁。通过 JSP,开发者可以轻松地生成动态网页内容,并与后端 Java 逻辑进行交互。

随着 Web 应用复杂性的增加,各种 Java Web 框架应运而生。这些框架虽然各有特色,但基本都遵循特定的设计理念:使用 Servlet 或 Filter 拦截请求,采用 MVC(Model-View-Controller)模式设计架构,利用 XML 或注解(Annotation)进行配置,并充分利用 Java 面向对象的特点来实现请求和响应的处理流程。例如,Spring MVC 是目前最流行的 Java Web 框架之一,它使用注解来简化配置,提供了一套完整的 MVC 实现,并且与 Spring 生态系统无缝集成,使开发者可以方便地构建复杂的 Web 应用。

在视图层面,Java Web 技术支持多种视图模板引擎,如 JSP、Freemarker、Velocity 等。JSP 是最早期的视图技术之一,Freemarker 和 Velocity 则是更加灵活和强大的模板引擎,它们提供了更好的模板编写体验和性能。这些视图技术使开发者可以灵活地选择最适合的工具来生成动态网页内容。

此外,Java Web 技术还包括许多其他重要的组件和工具,如 JDBC(Java DataBase Connectivity)用于数据库访问,JMS(Java Message Service)用于消息传递,JNDI(Java Naming and Directory Interface)用于命名和目录服务等。这些组件和工具共同构成了一个强大的生态系统,使 Java 成为开发企业级 Web 应用的首选技术之一。

Java Web 技术的发展不仅丰富了 Web 应用的功能和性能,还提高了开发效率和可维护性。随着技术的不断进步,Java Web 将继续在 Web 领域发挥重要作用,为开发者提供强大的工具和框架来构建现代 Web 应用。

中国在互联网和软件开发领域取得了巨大的成就,许多公司在全球范围内都具有重要影响力。例如,阿里巴巴和腾讯 2 家公司在技术和市场上都表现出色。

(1)阿里巴巴:作为全球领先的电子商务公司,阿里巴巴的技术平台涵盖了电子商务、云计算、数字媒体和娱乐等多个领域。阿里云(Alibaba Cloud)是全球排名前 3 的云计算服务提供商,为全球数百万客户提供了强大的云计算能力和存储服务。阿里巴巴的成功不仅在于其商业模式,更在于其对技术创新的持续投入。阿里云的飞天操作系统、海量数据处理技术和高可用性架构都是行业内的标杆。

(2)腾讯:作为中国最大的互联网公司之一,腾讯的业务涵盖了社交网络、数字内容、金融科技和企业服务等多个领域。腾讯的社交平台——微信(WeChat)不仅在中国拥有超过 10 亿用户,还在全球范围内得到广泛应用。腾讯云(Tencent Cloud)也是中国领先的云服务提供商,提供从基础设施到人工智能的一站式解决方案。腾讯通过不断创新,推动了社交媒体、游戏和金融科技等领域的发展。

中国政府对互联网技术发展方面的政策支持也起到了重要作用。例如,政府推出了"互联网+"行动计划,鼓励各行各业与互联网技术深度融合,推动传统产业的转型升级。此外,政府还大力支持云计算、大数据、人工智能等新兴技术的发展,通过一系列政策和资金的支持,促进科技创新和产业升级。

中国在互联网和软件开发领域的成就和政策支持为技术发展注入了新的活力,为全球互联网的发展作出了重要贡献。

第二节 Java Web 的开发环境

一、IDE 与 JDK

(一)IDE

IDE(Integrated Development Environment)是集成开发环境的英文缩写,用于提供程序开发环境的应用程序。一般来说,IDE 包括代码编辑器、编译器、调试器和图形用户界面(Graphical User Interface,GUI)等工具。通过将这些工具集成在一起,IDE 为开发者提供了一体化的开发软件服务套件,使软件开发过程更加高效和便捷。所有具备这一特性的工具或软件套件都可以被称为集成开发环境,如微软的 Visual Studio 系列,Borland 的 C++ Builder、

Delphi 系列等。

目前市场上用于开发 Java Web 程序的 IDE 软件主要有 4 款：MyEclipse、Eclipse、IntelliJ IDEA 和 NetBeans。对于初学者来说，MyEclipse 更适合入门，因为它提供了丰富的插件和工具，可以帮助初学者更快地理解和操作 Java Web 开发的各个环节；Eclipse 是一个开源的 IDE，被广泛应用于 Java 开发，并且有丰富的插件生态系统；IntelliJ IDEA 则因其强大的智能编码辅助功能和良好的用户体验而备受欢迎；NetBeans 也是一个开源的 IDE，支持多种编程语言，并且集成了许多有用的工具。

（二）JDK

除了 IDE 之外，Java Web 开发还离不开 JDK(Java Development Kit)。JDK 是 Java 标准版开发包的简称，是由 Oracle 公司提供的一套用于开发 Java 应用程序的开发工具包。JDK 提供了编译和运行 Java 程序所需要的各种工具和资源，包括 Java 编译器、Java 运行环境(Java Runtime Environment，JRE)，以及常用的 Java 类库等。通过 JDK，开发者可以编写、编译和调试 Java 代码，从而创建功能强大的 Java 应用程序。

Java Web 程序的运行需要依赖 JDK 安装后的 JVM(Java Virtual Machine)虚拟机环境。JVM 是 Java 语言的核心组件之一，它负责运行 Java 字节流文件，并提供运行时所需要的各种服务。开发者通过编写 Java 代码，并使用 JDK 中的工具将 Java 代码编译成 class 文件，然后在 JVM 上运行这些 class 文件，从而实现应用程序的功能。

JDK 提供了丰富的开发工具，不仅包括基本的编译器(javac)和解释器(java)，还包括许多用于调试、分析和优化 Java 应用程序的工具。例如，jdb 是 JDK 提供的调试工具，可以帮助开发者定位和解决程序中的错误；jconsole 和 VisualVM 则是用于监控和分析 Java 应用程序性能的工具，可以帮助开发者优化应用程序的性能。

二、Web 服务器

Web 服务器一般是指网站服务器，它是驻留于互联网某种类型计算机上的程序，可以向浏览器等 Web 客户端提供文档，还可以放置网站文件，让全世界的用户访问和浏览；同时，它也可以放置数据文件，让全世界的用户下载。当 Web 浏览器(客户端)连接到 Web 服务器并请求文件时，Web 服务器会处理该请求并将文件反馈给 Web 浏览器，附带的信息会告诉 Web 浏览器如何查看该文件(即文件类型)。这种通信方式使用 HTTP 协议，这也是 Web 服务器常被称为 HTTP 服务器的原因。

Web 服务器不仅能够存储和提供静态信息，还能在用户通过 Web 浏览器提交信息的基础上运行脚本和程序。例如，通过服务器端脚本(如 PHP、Python、Ruby 等)，服务器可以生成动态内容并将其发送给客户端浏览器，从而实现交互性更强、功能更复杂的 Web 应用。

在实际应用中，通常会将 Apache 和 Tomcat 整合起来使用。Apache 是一个功能强大且广泛使用的 Web 服务器，主要用于处理静态页面，如 HTML 页面、CSS 文件和图片等。它具有高效的性能和丰富的模块扩展，可以很好地满足大部分网站的需求。Tomcat 是一个应用服务器，专门用于运行 Java Servlet 和 JSP 程序。通过将 Apache 和 Tomcat 整合在一起，Apache 可以处理所有的静态内容请求，而 Tomcat 则负责处理动态内容请求，从而提高服务器的整体性能和响应效率。

初学者可以这样理解：当在一台机器上配置好 Apache 服务器后，Apache 服务器会响应所有针对 HTML 页面的访问请求。当用户请求一个 HTML 页面时，Apache 服务器会找到相应的文件并将其返回给用户的浏览器，从而完成一次对静态内容的请求响应过程。对于动态内容的请求，例如 JSP 页面或 Servlet 请求，Apache 会将这些请求转发给 Tomcat 服务器进行处理。Tomcat 服务器会运行相应的 Java 代码，生成动态内容，并将结果返回给 Apache，再由 Apache 将最终内容发送给用户的浏览器。通过这种方式，Apache 和 Tomcat 可以各司其职，充分发挥各自的优势。Apache 处理静态内容的能力非常强大，处理速度快，资源消耗少；Tomcat 则专注于动态内容的生成，能够很好地支持 Java 技术栈的应用程序。

配置和管理 Web 服务器时，还需要考虑其他重要的因素，如安全性、负载均衡和性能优化。通过使用 SSL/TLS 协议，可以加密客户端和服务器之间的通信，确保数据的安全传输；通过配置负载均衡，可以将请求分发到多台服务器上，从而提高系统的整体处理能力和可靠性；通过启用缓存、优化代码和配置文件等方式，可以提高 Web 服务器的响应速度和资源利用率，从而实现性能优化。

Web 服务器在现代 Web 开发中扮演着至关重要的角色。通过理解和掌握 Web 服务器的工作原理和配置方法，开发者可以构建高效、可靠和安全的 Web 应用，为用户提供优质的在线体验。

三、数据库工具

（一）MySQL

MySQL 是一种关系型数据库管理系统（Relational DataBase Management System，RDBMS），由瑞典 MySQL AB 公司开发，目前属于 Oracle 公司。作为一种关系型数据库管理系统，MySQL 将数据保存在不同的表中，而不是放在一个大仓库内，从而提高了速度和灵活性。在 Web 应用方面，MySQL 是最优秀和应用最广泛的软件之一。

MySQL 是开源的，用户不需要支付额外的费用即可使用和部署，这使 MySQL 成为中小型企业、个人开发者以及初创公司在数据存储和管理方面的首选数据库解决方案。此外，开源的特性还使全球开发者社区能够不断改进和优化 MySQL，从而保持其高性能和可靠性。

MySQL 支持大型数据库，能够处理拥有上千万条记录的数据，这对于需要处理大量数据的企业和应用来说非常重要。MySQL 使用标准的 SQL（结构化查询语言）作为数据查询和管理的语言形式，SQL 是一种功能强大且通用的数据库查询语言，这使开发者能够方便地编写查询语句和管理数据库。

MySQL 可以运行于多个操作系统上，包括 Linux、Windows、macOS 等，并且支持多种编程语言。这些编程语言包括 C、C++、Python、Java、Perl、PHP、Eiffel、Ruby 和 Tcl 等。跨平台和多语言支持使 MySQL 能够在不同的开发环境和应用场景中得到灵活运用，从而满足各种开发需求。

在大规模数据处理方面，MySQL 表现出色。它支持 5 000 万条记录的数据仓库，32 位系统可支持的最大表文件为 4 GB，64 位系统可支持的最大表文件为 8 TB。这种强大的数据处理能力使 MySQL 能够被应用于大型企业的核心业务系统，如金融数据处理、电子商务平台、大型社交媒体网站等。

MySQL 还具有高可扩展性和高性能。通过使用分区、复制和集群等技术，MySQL 能够轻松应对数据量的增长和满足复杂查询的需求。分区技术允许将数据分散到多个物理文件中，从而提高查询效率和数据管理的灵活性；复制技术使 MySQL 可以在多个服务器之间同步数据，提高数据的可用性和可靠性；集群技术则允许 MySQL 在多个节点上分布式存储和处理数据，从而实现高可用性和高性能的数据库解决方案。

（二）Navicat Premium

Navicat Premium 是一款快速、可靠且价格相对便宜的数据库管理工具，专为简化数据库管理及降低系统管理成本而设计。它的设计充分考虑了数据库管理员、开发者及中小企业的需求。Navicat Premium 以直观的图形用户界面为基础，使用户能够以安全且简单的方式创建、组织、访问并共享信息。

Navicat Premium 的功能十分全面，足以满足专业开发者的所有需求。同时，对于数据库服务器的初学者来说，它也非常易于学习和使用。Navicat Premium 直观的图形用户界面不仅简化了复杂的数据库管理任务，还提高了工作效率。用户可以通过 Navicat Premium 进行数据库设计，数据建模，SQL 编辑，数据同步、备份和恢复等多种操作。

Navicat Premium 支持多种数据库类型，包括 MySQL、MariaDB、MongoDB、SQL Server、Oracle、PostgreSQL 和 SQLite 等。通过一个单一的应用程序，用户可以连接到多种数据库服务器，并在不同数据库之间进行数据传输和同步，这种多功能性使 Navicat Premium 成为管理多种数据库环境的理想选择。

Navicat Premium 提供了强大的数据导入和导出功能，支持多种文件格式，如 CSV、Excel、XML、JSON 等。用户可以轻松地将数据从不同源导入数据库中，或将数据库中的数据导出到不同格式的文件中。Navicat Premium 的数据同步功能可以确保数据库之间数据的一致性，有效防止数据的丢失和错误。

Navicat Premium 还具备丰富的安全特性：它支持 SSL 连接和 SSH 隧道，以确保数据传输的安全性；用户可以设置不同的访问权限，以控制对数据库的访问和操作，从而保护敏感数据的安全。

Navicat Premium 是一款功能强大、易于使用的数据库管理工具。无论是专业开发者，还是数据库管理新手，都能通过 Navicat Premium 直观的图形用户界面和丰富的功能，轻松完成各种数据库管理任务。多数据库支持、多平台兼容性以及强大的数据处理能力，使 Navicat Premium 成为广大用户在数据库管理领域的首选工具。

四、浏览器工具

一个健壮的 Web 程序要能够适用于各种主流的现代浏览器。目前市场上的浏览器种类繁多，各有特色，因此在开发过程中，确保程序的跨浏览器兼容性至关重要。大部分浏览器，如谷歌 Chrome、Mozilla Firefox、Microsoft Edge 等，都支持基本的开发工具，这些工具能够帮助开发者调试和优化 Web 程序。然而，在 Java Web 开发技术中，可能会遇到某些兼容性问题。

为了确保 Web 程序能够在各种浏览器中正常运行，开发者通常需要特别关注兼容性开发。具体而言，至少需要兼容的浏览器版本包括 IE6、IE7、IE8、谷歌 Chrome 和 Mozilla Firefox。这些浏览器在用户中仍然有一定的使用量，因此确保程序在这些浏览器上的正常运行非常重要。

兼容性开发的一个关键是使用标准化的 HTML、CSS 和 JavaScript。标准化的代码能够减少不同浏览器之间的差异，从而提高程序的兼容性。此外，使用 CSS 重置样式表（reset styleSheet)可以消除浏览器默认样式的差异,从而使页面在不同浏览器中呈现一致的外观。

开发者还可以利用一些工具和框架来简化兼容性开发,如使用现代 JavaScript 框架(React、Vue. js 和 Angular 等),这些框架通常内置了良好的跨浏览器兼容性支持;使用自动化测试工具(如 Selenium),可以帮助开发者在多个浏览器中进行自动化测试,快速发现和解决兼容性问题。

确保 Web 程序在各种主流浏览器中的兼容性是开发过程中不可忽视的一环。通过使用标准化的技术和工具,开发者可以有效地提高程序的兼容性,为用户提供一致、流畅的使用体验。

第三节 Java Web 应用开发

Java Web 应用开发
教学视频

一、创建项目

在开发设计 Java Web 应用时,需要创建 Web 项目,此时使用 MyEclipse 作为开发工具。

(1)打开 MyEclipse,选择菜单栏的"file"→"New"→"Web Project",出现 New Web Project 界面,如图 1-1 所示。

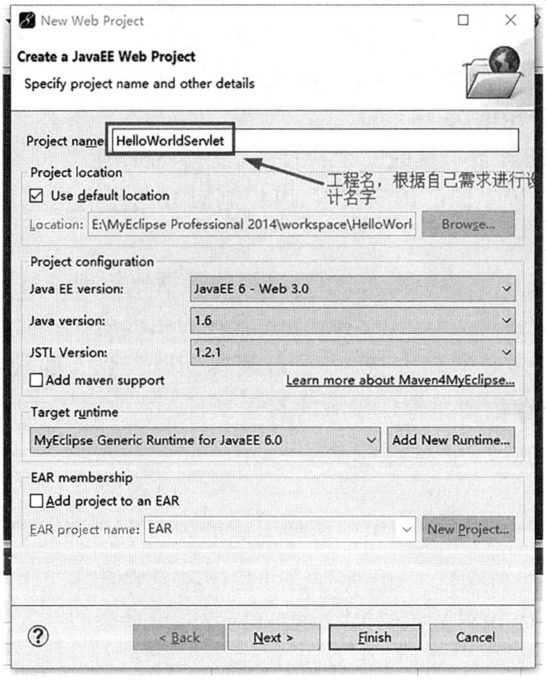

图 1-1 New Web Project 界面

(2)点击"Next"→"Next",进入如图 1-2 所示的设置目录默认主页界面。

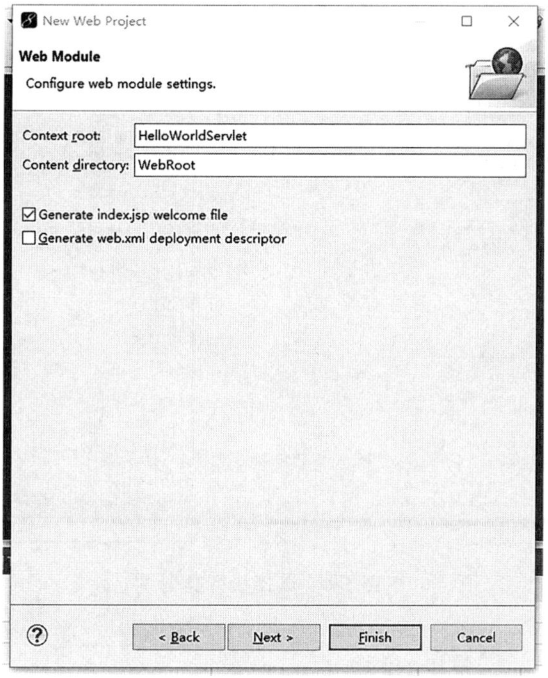

图 1-2　设置目录默认主页界面

(3)想要生成 web. xml，就把“Generate web. xml deployment descriptor”前的复选框打勾，如图 1-3 所示。

图 1-3　生成 web. xml 文件

(4)点击“Finish”，一个 Java Web Project 就建好了。Java Web Project 界面如图 1-4 所示。

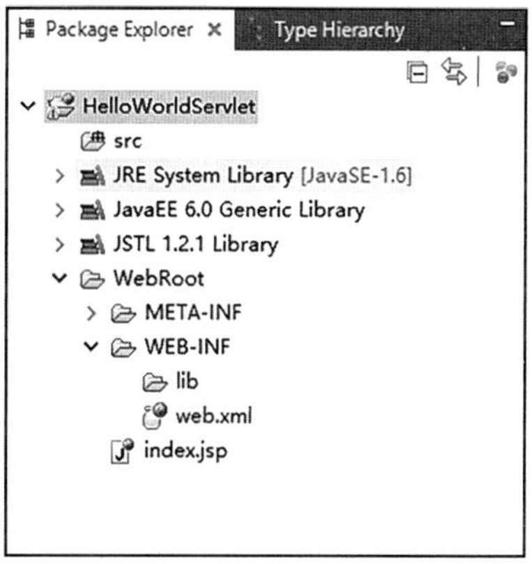

图 1-4　Java Web project 界面

二、代码实现

如图 1-4 所示，创建名称为“index. jsp”的文件，点击“Finish”，完成 JSP 文件的添加，在 index. jsp 文件中添加代码“＜h1＞This is My First Web＜/h1＞”，如图 1-5 所示。

```
<body>
  <h1>This is My First Web</h1>
</body>
```

图 1-5　添加网页主体内容

三、发布运行项目

(1)保存 index. jsp，运行项目，选中工程，右键点击“Run As”，再选择“MyEclipse Serve Application”，出现如图 1-6 所示的弹窗。

(2)选择相应的 Tomcat 服务器版本，点击“Finish”，出现如图 1-7 所示的界面。

(3)index. jsp 的运行结果如图 1-8 所示。

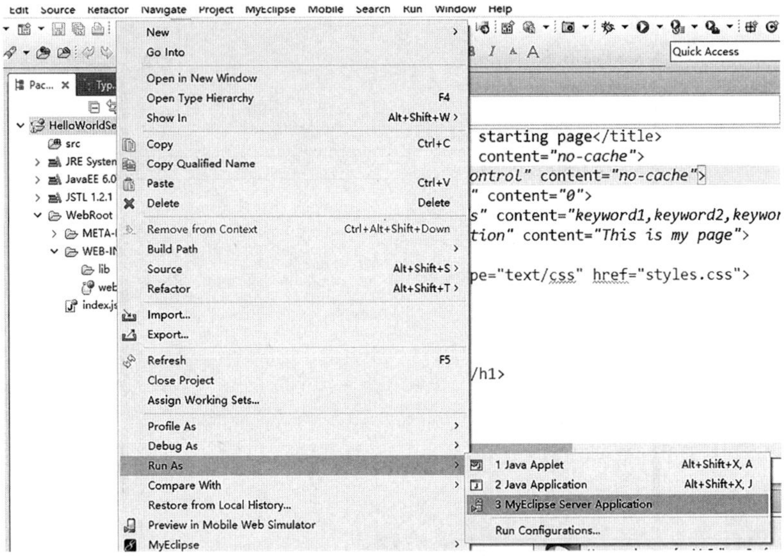

图 1-6　选择执行类型

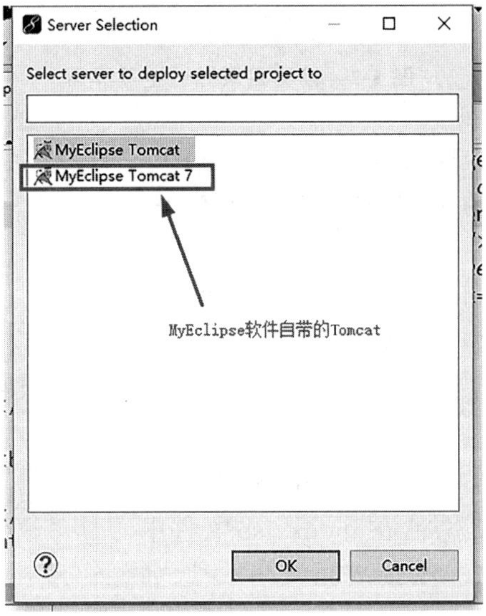

图 1-7　选择服务器版本

图 1-8　index. jsp 的运行结果

本章小结

1. Java Web 架构主要由组件、容器、服务组成。在整个 Java Web 的生命周期中，MVC 是其核心设计思路。

2. Java Web 需要的开发环境包括 IDE 与 JDK、Web 服务器、MySQL 数据库、浏览器工具等。

3. 用户通过 Web 浏览器发送一个基于 HTTP 协议的请求到 Web 服务器，Web 服务器从文件系统中读取请求，并将内容通过 HTTP 协议发回给客户端，最后在客户端浏览器上显示内容。显示的内容需要是客户端浏览器可以读取的标记语言，即 HTML、CSS、JavaScript 等。

练习巩固

1. 请说明 JDK 与 JRE 之间的区别。

2. 使用 HTML+CSS 实现简单的个人介绍，并创建 Web 项目进行访问，将 JSP 文件显示在浏览器上。（提示：使用 JavaScript 进行简单的表单校验。）

网页界面样例如图 1-9 所示。

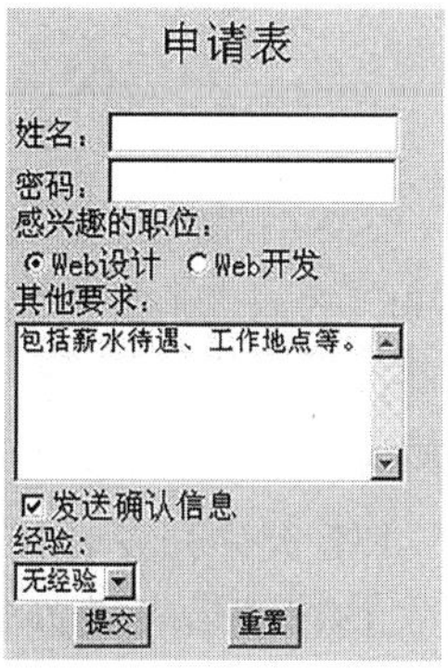

图 1-9 网页界面样例

第二章 JSP的语法和内置对象

JSP 全名为“Java Server Pages”，中文名称为“Java 服务器页面”，其本质是一个简化的 Servlet 设计。JSP 是由 Sun Microsystems 公司倡导，并由许多公司共同参与建立的一种动态网页技术标准。JSP 的核心思想是在传统的 HTML 网页中插入 Java 程序段和 JSP 标记，从而形成 JSP 文件，这些文件的后缀名为“.jsp”。

JSP 允许开发者在 HTML 页面中嵌入 Java 代码，使动态内容的生成更加简便和直观。通过 JSP，开发者可以将业务逻辑和页面显示分开，从而提高代码的可维护性和可扩展性。JSP 页面在首次请求时会被翻译成一个 Servlet，然后由 Servlet 容器(如 Apache Tomcat)编译并执行，因此它具备强大的性能和灵活性。

JSP 开发的 Web 应用是跨平台的，这意味着它既可以在 Linux 操作系统下运行，也可以在其他操作系统下运行，如 Windows、macOS 等。这样的跨平台特性使 JSP 成为开发 Web 应用的一种灵活而强大的工具，适用于各种不同的部署环境。

JSP 的应用场景非常广泛，包括企业级应用系统、电子商务网站、在线教育平台等。由于 JSP 结合了 Java 的强大功能和 HTML 的易用性，它可以处理复杂的业务逻辑，同时可以提供动态和交互性强的用户界面。此外，JSP 还可以与其他 Java 技术(如 JDBC、EJB 等)无缝集成，进一步扩展其功能。

JSP 是一种强大且灵活的动态网页技术，通过将 Java 代码嵌入 HTML 页面，实现业务逻辑与界面的分离，提供跨平台的兼容性，从而为开发者提供一个高效的 Web 开发解决方案。

第一节 JSP 页面元素

第二章 教学课件(原创)

一、静态内容

JSP 的静态内容主要由 HTML、CSS、JavaScript 3 个方面组成。

(一)HTML

(1)HTML(超文本标记语言):标准通用标记语言下的一个应用。“超文本”就是指页面内可以包含图片、链接,甚至音乐、程序等非文字元素。超文本标记语言的结构包括“头”部分(Head)和“主体”部分(Body),其中“头”部分提供关于网页的信息,“主体”部分提供网页的具体内容。

(2)基本结构:

```
<html>              -- 根标签,最大标签
    <head>          -- 定义网页的头部信息,如:标题、编码
    </head>
    <body
        网页显示的内容,由可视化标签组成
    </body>
</html>
```

(3)常用标签:包括文本标签、图形标签、表格标签和其他标签。

①文本标签见表 2-1。

表 2-1 文本标签

标签名称	说明
<h1>...</h1>	标题字大小(h1～h6)
<b>...</b>	粗体字
<strong>...</strong>	粗体字(强调)
<i>...</i>	斜体字
<em>...</em>	斜体字(强调)
<center>...</center>	文本居中
<ul>...</ul>	列表项目
<ol>...</ol>	有序列表
<li>...</li>	无序列表
<a href="...">...</a>	超链接
<font>...</font>	定义文本字体的尺寸、颜色、大小
_{...}	下标
^{...}	上标
 	换行
<p>...</p>	段落

②图形标签见表 2-2。

表 2-2 图形标签

标签名称	说明
<img src="...">...</img>	定义图像
<hr>	水平线

③表格标签见表 2-3。

表 2-3 表格标签

标签名称	说明
<table>...</table>	定义表格
<th>...</th>	定义表格中的表头单元格
<tr>...</tr>	定义表格中的行
<td>...</td>	定义表格中的单元格

④其他标签见表 2-4。

表 2-4 其他标签

标签名称	说明
<form>...</form>	定义供用户输入的 HTML 表单
<frame>...</frame>	定义框架集的窗口或框架

(4)需要注意的是,HTML 是无须编译的脚本语言,和 Java 语言并不一样。HTML 网页在浏览器访问的过程中是不会运行报错的,即使标签被写错,它也会以默认格式显示在网页上。

(二)CSS

(1)层叠样式表(Cascading Style Sheets,CSS):是一种用于表现 HTML 或 XML 等文件样式的计算机语言。CSS 不仅可以静态地修饰网页,还可以配合各种脚本语言动态地对网页的各元素进行格式化。CSS 能够对网页中元素位置的排版进行像素级精确控制,支持几乎所有的字体、字号样式,拥有对网页对象和模型样式编辑的能力。

(2)基本语法:选择器{ 属性:属性值;属性:属性值}。

示例:P { color : red }。

(3)选择器:用于选择想要的元素样式的模式。常见的 CSS 选择器见表 2-5。

表 2-5 常见的 CSS 选择器

选择器	示例	说明
标签选择器	h3{ color : red }	通过标签名引用 CSS 样式
类选择器	.className { color : yellow }	通过 class 属性设置样式
ID 选择器	#idName { color : blue }	通过 ID 属性值设置样式
通用选择器	* { margin : 0px }	通过"*"匹配所有标签都引入该样式
子元素选择器	div p { color : green }	<div>标签内的所有<p>标签都引入该样式

(4)CSS 引入样式:

①行内样式 将 CSS 样式通过 style 属性写在标签中。示例:

```
<h1 style = "color:red;">style 属性的应用</h1>
<p style = "font-size:14px;color:green;">
直接在 HTML 标签中设置的样式
</p>
```

注意:实际在写页面时不提倡使用行内样式,但在测试的时候可以使用。

②内部样式　在 style 标签中书写 CSS 代码。示例:

```
<head>
<style type = "text/css">
h3{ color : red; }
</style>
</head>
```

③外部样式　将 CSS 代码保存在扩展名为". css"的样式表中。HTML 文件引用扩展名为". css"的样式表的方式有 2 种:链接式和导入式。

A. 链接式。

```
<link type = "text/css" rel = "styleSheet" href = "CSS 文件路径" />
```

B. 导入式。

```
<style type = "text/css">
@import url("css 文件路径");
</style>
```

(5)优先级如下:

①选择器　ID 选择器>类选择器>标签选择器。

②样式　行内样式>内部样式>外部样式(内部样式和外部样式遵循就近原则)。

(三)JavaScript

JavaScript 是一种直译式脚本语言,是一种动态类型、弱类型、基于原型的语言,是内置支持类型的语言。它的解释器被称为 JavaScript 引擎,JavaScript 引擎是浏览器的一部分,被广泛用于客户端的脚本语言,最早用于给 HTML 网页增加动态功能。

(1)JavaScript 具有以下特点:

①参考 Java 基本语法,但不是 Java 语言;

②是脚本语言,无须编译,逐行执行;

③是弱类型语言,对变量声明方法不作检查;

④是基于对象的语言,但不是完全面向对象。

(2)JavaScript 变量及其类型的决定：

①在定义变量时，统一使用“var 变量名”表示。

例如 var str，甚至可以省略“var”这个关键字。

②JavaScript 中变量的数据类型是由 JavaScript 引擎决定的。

```
var name = "JavaScript";        //name 是 string 类型
var age = 24;                   //age 是 number 类型
var flag = true;                //flag 是 boolean 类型
var email;                      //email 只是声明，没有赋值
                                //因此代表的类型是"undefined"，也就是无法确定
name = 10;                      //name 自动变成了 number 类型
```

③通常可以使用 typeof 关键字查看变量的具体类型。示例：

```
alert(typeof "asdf");           // 输出 string
alert(typeof 86);               // 输出 number
```

对变量或值调用 typeof 关键字将返回下列值之一。

```
undefined                       - 如果变量是 undefined 类型的
boolean                         - 如果变量是 boolean 类型的
number                          - 如果变量是 number 类型的
string                          - 如果变量是 string 类型的
object                          - 如果变量是一种引用类型或 null 类型的
```

(3)函数的使用：

```
function 函数名(){
        函数主体
        return 返回值;
    }
```

示例：

```
function fun(a,b){
    return a + b;
}
document.write("自定义函数:" + fun(10,20) + "<br>"); // 调用函数
```

注意：JavaScript 不支持方法重载，即当方法名相同的时候，无论入参个数是否相同，都会进行自动覆盖。

(4)常用对象如下：

①window　有 2 种功能。

A. 控制窗体变化的对象。例如：

```
window.alert();                 // 弹出提示框
window.confirm();               //弹出确认框
window.prompt();                // 弹出输入框
```

B. 设置定时任务。例如：

```
window.setTimeout();            // 过了指定时间只执行 1 次
window.setInterval();           // 每隔指定时间就会执行 1 次
window.clearTimeout();          //清除定时
window.clearInteval();          //清除定时间隔
```

②location　控制浏览器 URL。例如：

```
location.href = "http://www.baidu.com";
```

③history　相当于历史纪录。例如：

```
history.go(x);                  // x 参数:1 前进, -1 后退, 0 刷新
```

④document　文档对象。常用方法如下：

```
document.write("<h3>这是标题 3</h3>");        // 页面内容输出
document.getElementById("txtValue");          // 获取 Id 为"txtValue"的值
```

二、指令元素

(1)page 指令在 JSP 开发中尤其重要，该指令可以定义一个 JSP 页面的相关属性，包括设置 MIME 类型、定义需要导入的包、指定页面的编码和指定错误页面等。通过合理使用 page 指令，可以有效管理和控制 JSP 页面的行为和属性，确保页面的正确性和性能。同时，良好的代码规范和适当的注释对提高代码的可读性和可维护性至关重要。在实际开发中，应养成良好的编程习惯，以提升职业素养和培养严谨的态度。

(2)指令语法：<%@　page 属性 = "内容" %>。

(3)page 指令的常用属性见表 2-6，表 2-6 中的常用属性按常用度依次进行排列。

表 2-6 page 指令的常用属性

import	JSP 页面操作需要导入的包，例如：import="java. util. * "
language	定义页面的脚本语言，固定 language="java"
pageEncoding	JSP 页面的字符编码，默认为 ISO-8859-1；考虑到国内中文乱码问题，通常设置为 utf-8
contentType	页面响应的 MIME 类型
isErrorPage	设置该页面是否为服务器出错处理页，可设置为 true 或 false，默认为 false
errorPage	设置该页面为服务器出错时跳转的显示页面，要与 isErrorPage 共用 例如：errorPage="error. jsp"
extends	定义该 JSP 页面产生的 Servlet 是由哪个父类扩展而来
session	指定页面是否有会话，即 HTTP 的会话周期；默认为 true，可以设置为 true 或 false
autoFlush	客户端缓冲区设置，默认为 true true：表示当缓冲区满时，客户端的输出会自动刷新 false：表示当缓冲区满时，客户端的输出会出现异常，缓冲区溢出
buffer	指定到客户端输出流的缓冲模式，和 autoFlush 共用，默认不小于 8 KB none：不设置缓冲区 数值：输出时必须使用不小于这个数值的缓冲区进行缓冲
info	JSP 的页面信息
isThreadSafe	JSP 页面是否线程安全 true：一个页面可以处理多个用户的请求 false：此页面一次只能处理一个用户请求

注意：在上述指令中，只有 import 指令可以重复出现多次。

import 指令的使用案例如图 2-1 所示。

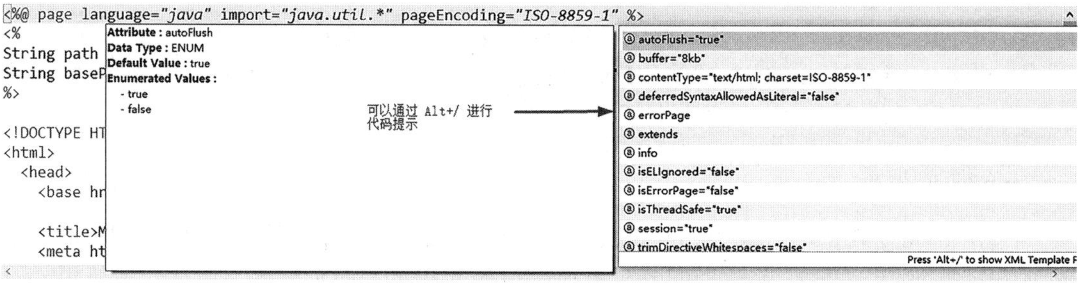

图 2-1 import 指令的使用案例

三、声明元素

(1)在 JSP 中，声明表示一段 Java 的源代码，用于定义类的属性和方法，声明后的属性和方法可以在 JSP 文件的任意地方使用。

(2)声明语法：＜%! Java 代码 %＞。

以声明变量为例：

```
<%! int i = 100; %>
```

```
<%! String a,b,c; %>
<%! Animal animal = new Animal("猫"); %>
```

声明元素如图 2-2 所示。

图 2-2　声明元素

四、脚本元素

(1)脚本是一段在客户端请求时先被服务器执行的 Java 代码，它可以直接输出到浏览器页面上进行显示。同时，脚本也可以是一段流程控制语句。

(2)脚本语法：<%　Java 脚本代码　%>。

例如：

```
<% int j = 50; %>
<% double score = 60.1 %>
```

五、表达式元素

表达式元素
教学视频

(1)表达式在 JSP 请求处理阶段进行运算，运算所得的结果被转换成字符串，并与模板数据组合在一起。表达式在页面的位置就是该结果显示的位置。

(2)表达式语法：<% = 表达式内容 %>。

例如：

```
<% = ++100 %>          //页面输出"101"
<% String username = "张三"; %>
<% =username %>  //页面输出"张三"
```

示例：

```
<body>
```

```
    <%! int i = 100; %>
    <%! String a,b,c; %>
    <%! Animal animal = new Animal("小花"); %>

    <% int j = 100; %>

    i:<% = ++i %><br>
    j:<% =j %><br>
    动物的名字:<% =animal.getAname() %>
</body>
```

访问 URL,网址为“http://localhost:8080/HelloWorldServlet/”。

第一次访问 URL 时的运行结果如图 2-3 所示。

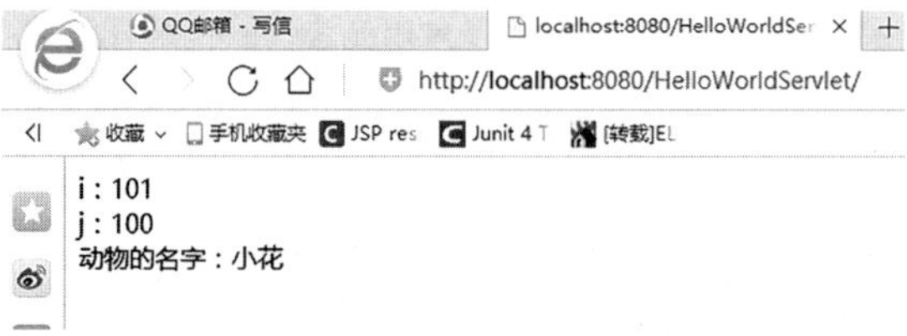

图 2-3　第一次访问 URL 时的运行结果

第二次访问 URL 时的运行结果如图 2-4 所示。

图 2-4　第二次访问 URL 时的运行结果

通过图 2-4 可以发现,标框中的数值没有和图 2-3 中的相应值一样显示“101”,而是显示“102”,这是为什么呢?因为虽然<%!　%>和<%　%>都可以声明变量,但是<%　%>声明的是局部变量,每次被请求时,就会运行一次;而<%!　%>声明的是全局变量,只要服务器没有停止,就不会被初始化。

六、动作元素

(1)动作元素用于动态地包含文件、执行网页跳转,以及使用 JavaBean 组件等。

(2)语法:<jsp:XXX/>或者<jsp:XXX></jsp:XXX>。

(3)主要分类如下:

①基本动作元素　<jsp:include>、<jsp:forward>、<jsp:param>、<jsp:plugin>、<jsp:params>、<jsp:fallback>。

A. <jsp:include>。语法格式如下：

```
<jsp:include page = "包含文件 url 地址" flush = "true|false" >
```

属性 page 用于指定包含文件的 URL 地址；属性 flush 用于指定当缓冲区满时，是否进行清空。如果包含的文件为静态文件，那么就单纯地将静态文件加到 JSP 页面中，不会对其进行任何处理；如果包含的文件为动态文件，那么会先对文件进行处理，再将处理的结果加到 JSP 页面中。

B. <jsp:forward>。用于转移用户的请求，使用户请求的页面跳转到另一个页面。这种跳转为服务器端跳转，所以用户的地址栏不会发生任何变化。语法格式如下：

```
<jsp:forward page = "跳转文件 url 地址">
```

C. <jsp:param>。用于传递参数，一般与<jsp:include>、<jsp:forward>联合使用。语法格式如下：

```
<jsp:param name = "参数名" value = "参数值"/>
```

示例：

```
<body>这是 jsp:include 标签,用于引入文件<br>
<jsp:include page = "index.jsp" flush = "false" >
<!-- 用于传递参数 -->
<jsp:param value = "this is my str" name = "str"/>
</jsp:include>
<br>
</body>
```

文件内容的引入结果如图 2-5 所示。

图 2-5 文件内容的引入结果

②与存取 JavaBean 有关的动作元素 <jsp:useBean>、<jsp:setProperty>、<jsp:getProperty>。

A. <jsp:useBean>。useBean 动作用于创立引用，并将现有的 Bean 组件嵌入 JSP。JavaBean 实际上是一个类，这个类能够被重复利用。在 JSP 中，JavaBean 常用于封装业务逻辑、数据库操作等。语法如下：

```
<jsp:useBean id = "BeanName" class = "BeanClass"
scope = "page/request/session/application"/>
```

语法说明如下：

id：专用于创立 Bean 的引用名。

class：指定 Bean 的类。

scope：指定 Bean 的范围，默认为 page。

一个 JavaBean 应当符合如下要求：是一个公有的类，具有不带任何参数的公有构造函数，具有 get()方法和 set()方法，以便读取和写入 Bean 的属性。

B. <jsp:setProperty>。setProperty 动作用于设置 useBean 中指定 Bean 的属性值。语法如下：

```
<jsp:setProperty name = "BeanAlias" property = "PropertyName" value =
"Value" param = "Parameter"/>
```

语法说明如下：

name：指定 useBean 中利用的 Bean 的 ID。

property：指定要设置的 Bean 的属性名称。

value：指定要为属性设置的显式值。

param：指定用于输入并给属性赋值的 HTML 标签，param 属性不能与 value 属性同时使用。

C. <jsp:getProperty>。getProperty 动作用于获得 Bean 中指定属性的值。系统先将收到的值转换为字符串，然后再将其作为输出结果进行发送。语法如下：

```
<jsp:getProperty name = "BeanAlias" property = "PropertyName"/>
```

语法说明如下：

name：指定 useBean 中指定 Bean 的 ID。

property：指定检索值的属性名称。

示例：

a. Animal 实体类代码。

```
package com.entity;

public class Animal {

  private String aname;
```

```
    //get()方法
    public String getAname() {
        return aname;
    }

    //set()方法
    public void setAname(String aname) {
        this.aname = aname;
    }

    //无参构造函数,一定要有
    public Animal() {
    }

    public Animal(String aname) {
        super();
        this.aname = aname;
    }

}
```

b. userBean.jsp 代码。

```
<body>
<!-- 实例化一个动物类,对象名"myAnimal" -->
<jsp:useBean id = "myAnimal" class = "com.entity.Animal" scope = "page"/>

<!-- 在对象名"myAnimal"中设置属性 -->
<jsp:setProperty name = "myAnimal" property = "aname" value = "<h3>小花猫
</h3>"/>

<!-- 获取属性 -->
<jsp:getProperty name = "myAnimal" property = "aname"/>
</body>
```

userBean.jsp 代码的运行结果如图 2-6 所示。

图 2-6　userBean.jsp 代码的运行结果

③用于动态地生成 XML 元素标签值的动作元素　<jsp:attribute>、<jsp:body>、<jsp:element>。

④主要与 JSP document 有关的动作元素　<jsp:root>、<jsp:declaration>、<jsp:scriptlet>、<jsp:expression>、<jsp:text>、<jsp:output>。

⑤主要用于 Tag File 的动作元素　<jsp:invoke>、<jsp:doBody>。

注意：后 3 种分类目前已基本不再使用，因此不进行详细说明，只作了解即可。

七、注释元素

JSP 页面中有 2 种注释方式：

(1)显示注释：在浏览器客户端通过 F12 打开审查元素查看源代码时，可以看见注释内容。语法格式：<!-- 注释的内容 -->。

(2)隐式注释：注释内容通过 F12 查看不到，一般用于给开发者备注内容或者由开发团队查看。语法格式分为 3 种：

//注释内容：单行注释，与 Java 语法中的单行注释一样；

/* 注释内容 */：多行注释，与 Java 语法中的多行注释一样；

<%-- 注释内容 --%>：JSP 注释。

第二节　JSP 的内置对象

JSP 的内置对象是整个 Web 应用开发中最为重要的一部分。通过操作这些对象，可以实现应用程序中的大部分前后台交互过程。

所谓 JSP 的内置对象，是指不用声明和创建就可以直接在 JSP 页面脚本(Java 程序片和 Java 表达式)中使用的成员变量。这些对象的存在简化了开发过程，使开发者可以专注于业务逻辑的实现，而不必关注对象的创建和管理。内置对象是由支持 JSP 的容器(如 Tomcat 服务器)自动创建和管理的。当容器启动完成后，这些内置对象已经被准备好，开发者可以直接使用它们。

常见的 JSP 的内置对象包括 request、response、out、pageContext、session、application、page、config 和 exception。每个对象都有其特定的用途和功能：

①request　表示客户端的请求信息，通过它可以获取请求参数、头信息等；

②response　表示服务器端对客户端的响应信息，通过它可以设置响应内容的类型、状态码等；

③out　用于输出内容到客户端，通常用于生成 HTML 内容；

④pageContext　提供 JSP 页面中各种对象的访问接口；

⑤session　表示用户会话，通过它可以在用户会话范围内存储和获取数据；

⑥application　表示整个 Web 应用的上下文，可以在应用范围内共享数据；

⑦page　指代包含该 JSP 的 Servlet 实例，通常不直接使用；

⑧config　表示 JSP 页面配置的相关信息；

⑨exception　在错误页面中用于捕获和处理异常。

通过这些内置对象，开发者可以方便地处理用户请求，生成响应，管理会话和应用数据，大大简化了 Web 应用的开发过程。内置对象的存在使 JSP 页面具有强大的功能，能够灵活地处理各种动态内容和业务逻辑。

JSP 的内置对象是 JSP 技术的核心部分，它们提供了强大的功能和便捷的使用方式，使 Web 应用的开发更加高效和灵活。通过熟练使用这些内置对象，开发者可以实现复杂的前后台交互，构建功能丰富的 Web 应用。

一、request 对象

(一)request 对象的定义

客户端可通过 HTML 表单或在网页地址后面提供参数的方法提交数据，然后通过 request 对象的相关方法来获取这些数据。request 对象封装了客户端的请求信息，包括用户提交的信息以及客户端的一些信息。服务器端通过 request 对象可以了解客户端的需求，然后作出响应。

request 对象是 javax. servlet. http. HttpServletRequest 接口的一个实例。请求信息的内容包括请求的标题头信息(如浏览器的版本信息语言和编码方式等)、方式[如 HTTP 协议的 get()方法和 post()方法等]、参数名称、参数值和客户端的主机名称等。

(二)request 对象的常用方法

request 对象的常用方法见表 2-7。

表 2-7　request 对象的常用方法

方法	说明
Object getAttribute(Stringname)	用于返回由 name 指定的属性值，如果指定的属性值不存在，则返回一个 null 值
Enumeration getAttributeNames()	用于返回 request 对象所有属性的名称集合
String getCharacterEncoding()	用于返回一个 String，它包含请求正文中所使用的字符编码
int getContentLength()	用于返回请求正文的长度(字节数)，如果不确定，则返回-1
String getContentType()	得到请求体的 MIME 类型
ServletInputStream getInputStream()	用于返回请求的输入流，显示请求中的数据
String getParameter(String name)	用于获取客户端传送给服务器端的参数，主要由 name 指定，通常是表单中的参数
Enumeration getParameterNames()	用于获取客户端传送的所有参数的名称集合
String getParameterValues(String name)	用于获取指定参数的所有值，由 name 指定
String getProtocol()	用于返回客户端向服务器端传送数据所依据的协议名称

续表 2-7

方法	说明
String getMethod()	用于获取客户端向服务器端传送数据的参数方法，主要有 2 个，分别是 get()和 post()
String getServerName()	用于获取服务器端的主机名称
int getServletPath()	用于获取 JSP 文件相对于根地址的地址
String getRemoteAddr()	用于获取客户端的网络地址
String getRemoteHost()	用于获取发送此请求的客户端主机名称
String getRealPath(String path)	用于获取虚拟路径的真实路径
cookie[] getCookie()	用于获取所有的 Cookie 对象
void setAttribute(String key,Object obj)	设置属性的属性值
boolean isSecure()	返回布尔类型的值，用于确定这个请求是否使用了一个安全协议，如 HTTP 协议
boolean isRequestedSessionIdFromCookie()	返回布尔类型的值，表示会话是否使用了一个 Cookie 来管理会话 ID
boolean isRequestedSessionIdFromURL()	返回布尔类型的值，表示会话是否使用了一个 URL 来管理会话 ID
boolean isRequestedSessionIdFromVoid()	检查请求的会话 ID 是否合法

(三)示例

(1)获取客户端信息：

```
<body>
    客户提交信息的方式：<% =request.getMethod() %><br />
    使用的协议：<% =request.getProtocol() %><br />
    获取提交数据的客户端 IP 地址：<% =request.getRemoteAddr() %><br
    />
    获取服务器端的名称：<% =request.getServerName() %><br />
    获取服务器端口号：<% =request.getServerPort() %><br />
    获取客户端的机器名称：<% =request.getRemoteHost() %><br />
</body>
```

客户端信息的获取结果如图 2-7 所示。

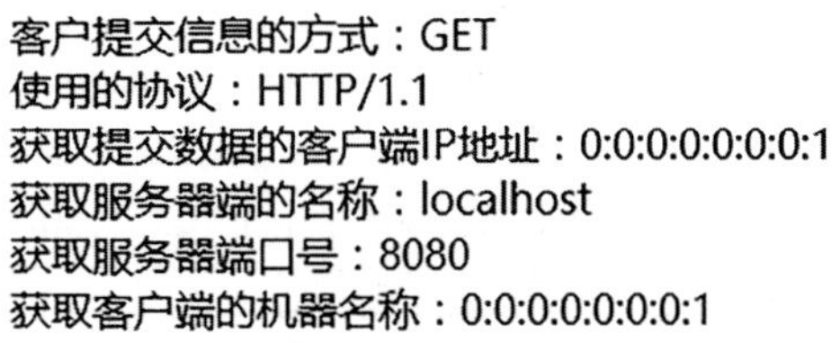

图 2-7 客户端信息的获取结果

(2)获取请求参数：用户借助表单向服务器提交数据，完成用户与网站之间的交互。表单中包含文本框、列表、按钮等输入标记。当用户在表单中输入信息后，单击“submit”按钮提交给服务器进行处理。

用户提交的表单数据被存放在 request 对象中，在 JSP 代码中通常用 getParameter()或者

getParameterValues()方法来获取表单数据。getParameter()方法用于获取单值,如用户名、密码等单个字段的值;getParameterValues()方法用于获取数组值,如复选框或者多选列表项的值。

使用格式如下:

```
String getParameter(String name);
String[] getParameterValues(String name);
```

注意:以上 2 个方法中的参数 name 都必须与 JSP 页面表单标签中的 name 属性一致,并且必须区分大小写,否则无法获取表单数据。

示例:

1.jsp 的代码如下:

```
<body>
   <h2>个人注册</h2>
   <form name = "form1" method = "post" action = "2.jsp">
        用户名:<input name = "username" type = "text" /> <br>
        密    码:<input name = "pwd" type = "text" />
        <br>

        兴    趣:
        <input name = "inst" type = "checkbox" value = "吃饭">吃饭
        <input name = "inst" type = "checkbox" value = "睡觉">睡觉
        <input name = "inst" type = "checkbox" value = "写代码">写代码
        <br>

        <input type = "submit" value = "提交" />
        <input type = "reset" value = "重置" />
   </form>
</body>
```

2.jsp 的代码如下:

```
<body>
   <h2>获取到的注册信息如下:</h2>
   <%
        request.setCharacterEncoding("utf-8");

        String username  =  request.getParameter("username");
        String pwd  =  request.getParameter("pwd");
```

```
        String inst[] = request.getParameterValues("inst");

        out.println("用户名为:" + username + "<br>");
        out.println("密码为:" + pwd + "<br>");
        out.println("爱好为:");

        for (int i = 0; i < inst.length; i++){
            out.println(inst[i] + " ");
        }
    %>
</body>
```

获取注册信息的页面如图 2-8 所示。

图 2-8　获取注册信息的页面

当用户个人信息填写完毕后，点击“提交”按钮，这时 form 表单根据 action 属性跳转到指定的 2.jsp 页面，注册信息的获取结果如图 2-9 所示。

图 2-9　注册信息的获取结果

(3)作用域中的属性管理：在请求转发时，往往需要把一些数据带到转发后的页面中进行处理。这时，就可以使用 request 对象的 setAttribute()方法设置数据在 request 范围内的存取。

第一种使用格式如下：

```
request.setAttribute("key",value);    //设置属性
```

参数 key 表示键，为 String 类型，转发后的页面就通过这个键来获取数据。参数 value 表示键值，为 Object 类型，它代表需要保存在 request 范围内的数据。

第二种使用格式如下：

```
request.getAttribute("key");            //获取属性
```

参数 key 表示键名，如果指定的属性值不存在，则返回一个 null。在页面中使用 request 对象的 setAttribute("key",value)方法，可以把数据值设定在 request 的范围内。请求转发后的页面使用 getAttribute("key")就可以获取数据值。

示例：

3.jsp 的代码如下：

```
<body>
  <%
      request.setAttribute("myname", "java 小生");

      //传递自定义对象
      Animal animal = new Animal("小白");

      request.setAttribute("animal", animal);
  %>

  <jsp:forward page = "4.jsp" />
</body>
```

4.jsp 的代码如下：

```
<body>
  <% out.println("大家好,我是:" +
      request.getAttribute("myname"));
  %>

  <br>

  <!-- 获得自定义对象时,需要可进行类型向下转换 -->
  <% = "我有一只狗,它叫" +
      ((Animal)request.getAttribute("animal")).getAname()
  %>

</body>
```

当浏览器访问 3.jsp 时，<jsp:forward>标签自动跳转至 4.jsp，其结果如图 2-10 所示。

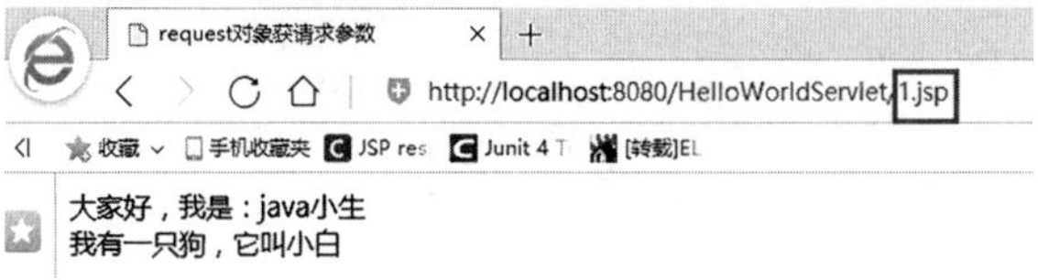

图 2-10 自动跳转的结果

(4)Cookie 对象管理：Cookie 是一小段文本信息，伴随用户请求和页面在 Web 服务器和浏览器之间进行传递。Cookie 常被用于保存用户信息，以便 Web 应用程序能读取用户信息。当用户每次访问站点时，Web 应用程序都可以读取 Cookie 中包含的信息。使用方法如下：

①通过 request 的 getCookies()方法获取 Cookie 中的数据。

```
Cookie[] cookie = request.getCookies();          //返回的是 Cookie 数组
```

②通过 response 的 addCookie()方法添加一个 Cookie 对象。

```
response.addCookie(Cookie cookie)
```

③显示 Cookie 信息。

```
cookie.getName()        //获取 Cookie 名
cookie.getValue()       //获取 Cookie 值
```

示例：以登录后根据选择使用的 Cookie 存储为例。login.jsp 的代码如下：

```
<body>
  <form action = "welcome.jsp" method = "post">
       用户名：<input type = "text" name = "uname" /><br>
       密　码：<input type = "password" name = "pwd" /><br>
       密码保存时间：<select name = "time">
                        <option value = "0">不保存</option>
                        <option value = "1">保存 1 天</option>
                  </select>
       <br>
       <input type = "submit" value = "登录" />
  </form>
</body>
```

页面访问结果如图 2-11 所示。

图 2-11　页面访问结果

welcome. jsp 的代码如下：

```
<body>
  <% // 1. 获取用户名、密码、时间
      String uname = request.getParameter("uname");
      String password = request.getParameter("pwd");
      String time = request.getParameter("time");

      // 读取 Cookie 信息
      if (username = = null && password = = null) {
        Cookie[] cookies = request.getCookies();
        if (cookies ! = null) {
          for (Cookie c : cookies) {
            if ("uname".equals(c.getName())) {
                username = c.getValue();
            }
            if ("upwd".equals(c.getName())) {
                password = c.getValue();
            }
          }
        }
      }

      // 2. 判断用户名和密码
      if("admin".equals(uname) && "123456".equals(password))
      {
        out.print(username + "登录成功");

        // 判断是否添加 Cookie
        if ("1".equals(time)) {
          // 创建 Cookie Cookie 名 Cookie 值
          Cookie c1 = new Cookie("uname", "admin");
```

```
                Cookie c2 = new Cookie("upwd", "123456");

                // 设置有效时间 Cookie 存活时间
                c1.setMaxAge(60 * 60 * 24);
                c2.setMaxAge(60 * 60 * 24);

                // 使用 response 添加 Cookie
                response.addCookie(c1);
                response.addCookie(c2);
            }
        } else {
            response.sendRedirect("login.jsp");
        }
    %>
</body>
```

判断用户名和密码的页面如图 2-12 所示。

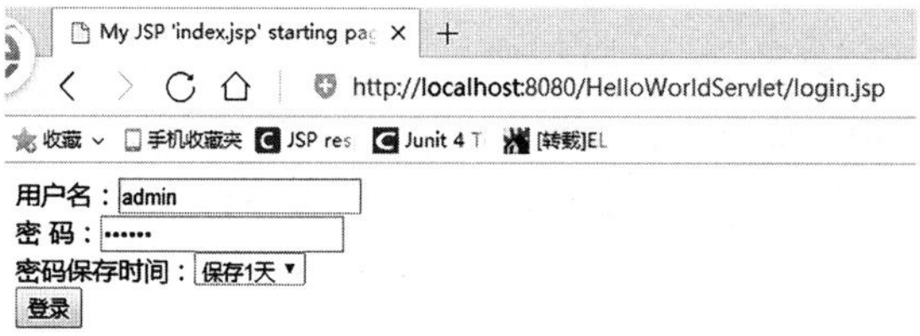

图 2-12　判断用户名和密码的页面

输入“admin”和“123456”后，选择保存 1 天，点击“登录”，用户名和密码的判断结果如图 2-13 所示。

图 2-13　用户名和密码的判断结果

这时可以按快捷键 F12 开启开发者工具，如图 2-14 所示。可以发现，填写的信息被存放在浏览器的 Cookie 中，Max-Age 正好是已设置的 1 天有效期。

注意：不同的浏览器会保存不同的 Cookie 信息，即 Cookie 信息在浏览器之间是不共享的，但是在多个项目中都是可以访问获取的。

(5)乱码的处理方式：当利用 request 方法获取表单数据时，在默认情况下，字符编码为 ISO-8859-1。因此，当获取客户提交的中文字符时，会出现乱码问题，必须进行特殊处理。处理的方式主要有 2 种。

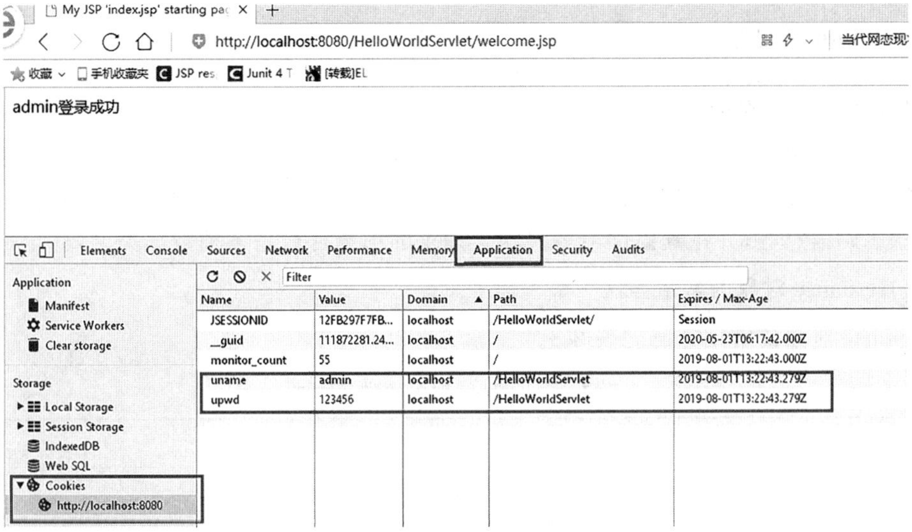

图 2-14　开发者工具页面

A. 在响应报文中加入编码进行转换。

```
request.setCharacterEncoding("utf-8");
response.setContentType("text/html;charset = UTF-8");
```

B. 在请求报文中进行处理。

如果表单的提交方式为 get 提交，处理方法有 2 种。

方法 1：对参数编码进行转换。

```
username = new String(username.getBytes("ISO-8859-1"),"utf-8");
```

该方法的缺点是每个中文参数都要进行转换，代码冗余性大。

方法 2：修改 Tomcat 中的 server.xml 配置。添加 URIEncoding = " utf-8"，如图 2-15 所示。

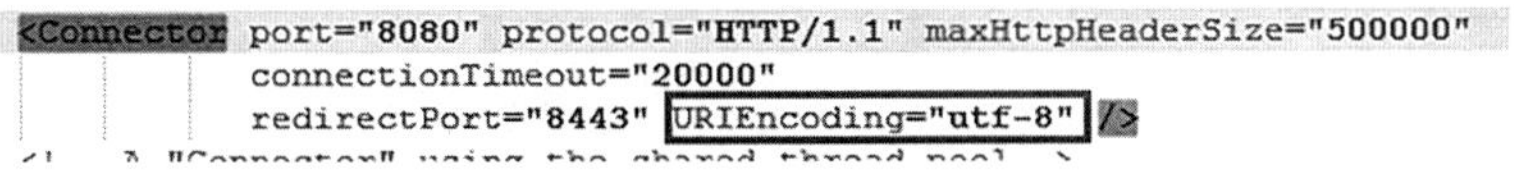

图 2-15　设置字符集

如果表单的提交方式为 post 提交，处理方法如下：

```
request.setCharacterEncoding("utf-8");
```

二、response 对象

(一)response 对象的定义

response 对象是 javax. servlet. http. HttpServletResponse 接口的一个实例，封装了 JSP 产生的响应客户端请求的有关信息，如回应的 Header 信息、响应本体(HTML 的内容)及服务器端的状态码信息等，并将其提供给客户端。请求的信息可以是各种数据类型，甚至是文件。

(二)response 对象的常用方法

response 对象的常用方法见表 2-8。

表 2-8 response 对象的常用方法

方法	说明
void addCookie(Cookie cookie)	添加 Cookie 的方法
void addHeader(String name,String value)	添加 HTTP 文件指定的头信息
String encodeURL(String url)	将 URL 予以编码，回传包含 session ID 的 URL
void flushBuffer()	强制把当前的缓冲区内容发送到客户端
int getBufferSize()	返回响应所使用的实际缓冲区的大小，如果没有使用缓冲区，则返回 0
void setBufferSize(int size)	为响应的主体设置首选的缓冲区大小
boolean isCommitted()	一个 boolean，表示响应是否已经提交；提交的响应已经被写入状态码和报头
void reset()	清除缓冲区中存在的任何数据，并清除状态码和报头
ServletOutputStream getOutputStream()	返回到客户端的输出流对象
void sendError(int xc,String msg)	向客户端发送错误信息
void sendRedirect(String location)	把响应发送到另一个位置进行处理
void setCotentType(String type)	设置响应的 MIME 类型
void setHeader(String name,String value)	设置指定名称的 HTTP 文件头信息
void setCotentLength(int len)	设置响应头的长度

(三)重定向

在某些情况下，当响应客户时，需要将客户引导至另一个页面。例如，当输入正确的登录信息时，客户需要被引导到登录成功的页面，否则会被引导到显示错误的页面。此时，可以使用 response 的 sendRedirect()方法将客户请求重定向到一个不同的页面。代码如下：

```
response. sendRedirect("login_success. jsp");
```

以登录为例，用户在 login. jsp 中输入用户名和密码后，登录 deal_login. jsp 页面进行业务处理，deal_login. jsp 的代码如下：

```
<body>
  <%
        request.setCharacterEncoding("utf-8");
        String user = request.getParameter("uname");
        String pwd = request.getParameter("pwd");
        if (user.equals("admin") && pwd.equals("12345")) {
           response.sendRedirect("login_success.jsp");
        } else {
           response.sendError(500, "请输入正确的用户名和密码!");
        }
  %>
</body>
```

(四)设置页面自动刷新及定时跳转

(1)实现页面 1 秒钟刷新 1 次,设置语句如下:

```
response.setHeader("refresh","1");
```

(2)实现页面定时跳转,如 2 秒钟后自动跳转到 URL 所指定的页面,设置语句如下:

```
response.setHeader("refresh","2:URL = 页面名称");
```

示例:

```
<body>
  <font size = "5" color = "blue"> 数字时钟:</font><br><br>
  <font size = "3" color = "blue"> 现在时刻:<br>
  <%
        response.setHeader("refresh", "1");

        int y, m, d, h, mm, s;

        Calendar c = Calendar.getInstance();
        y = c.get(Calendar.YEAR);          // 年
        m = c.get(Calendar.MONTH) + 1;      // 月
        d = c.get(Calendar.DAY_OF_MONTH);    // 日
        h = c.get(Calendar.HOUR);          // 时
        mm = c.get(Calendar.MINUTE);        // 分
```

```
        s = c.get(Calendar.SECOND);          // 秒
        out.print (y+"年"+m+"月"+d+"日"+h+"时"+mm+"分"+s+"秒");
    %>
    </font>
</body>
```

页面自动刷新及跳转的结果如图 2-16 所示。

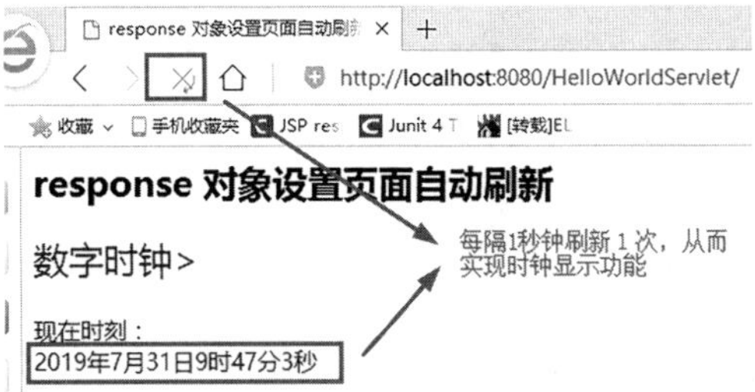

图 2-16　页面自动刷新及跳转的结果

注意：转发方法和重定向方法的区别见表 2-9。

表 2-9　转发方法和重定向方法的区别

转发方法(request)	重定向方法(response)
转发是在服务器端发挥作用，通过 forward()将提交信息在多个页面间进行传递	重定向是在客户端发挥作用，通过请求新的地址实现页面转向
客户端浏览器的地址栏不会显示转向后的地址	在地址栏中可以显示转向后的地址
发起 1 次请求	发起 2 次请求

三、out 对象

(一)out 对象的定义

out 对象是一个输出流，用于向客户端输出数据(可以是各种数据类型的内容)。同时，它还可以管理、应用服务器上的输出缓冲区。输出缓冲区的默认值是 8 KB，可以通过页面指令“page”来改变输出缓冲区默认值的大小。

out 对象是一个继承自抽象类 javax.servlet.jsp.JspWriter 的实例。在实际应用中，out 对象会通过 JSP 容器变换为 java.io.PrintWriter 类的对象。在使用 out 对象输出数据时，可以对数据缓冲区进行操作，及时清除缓冲区中的残余数据，为其他的输出让出缓冲空间。数据输出完毕后要及时关闭输出流。

(二)out 对象的常用方法

out 对象的常用方法见表 2-10。

表 2-10　out 对象的常用方法

方法	说明
void print(各种数据类型)	将指定类型的数据输出到 HTTP 流,不换行
void println(各种数据类型)	将指定类型的数据输出到 HTTP 流,并输出一个换行字符
void newline()	输出换行字符

(三)向客户端输出内容

代码如下:

```
<% out.println("<font color='red'>Hello</font>"); %>
```

向客户端输出的内容如图 2-17 所示。

图 2-17　向客户端输出的内容

可以发现,输出的内容如果有 HTML 标签,依然可以被浏览器识别。

四、pageContext 对象

(一)pageContext 对象的定义

pageContext 是页面上下文对象,这个特殊的对象提供了 JSP 程序执行时所需要用到的所有属性和方法,如 session、out、config、application 等对象的属性。也就是说,它可以访问本页所有的 session,也可以获取本页所在的 application 的某一个属性值。它相当于页面中所有其他对象功能的集大成者,可以用它访问本页中所有的其他对象。

pageContext 对象是 javax. servlet. jsp. pageContext 类的一个实例,它的创建和初始化都是由容器来完成的。在 JSP 页面里,可以直接使用 pageContext 对象的句柄,pageContext 对象的 getXxx()、setXxx()和 findXxx()方法可以根据范围实现对不同对象的管理。

(二)pageContext 对象的常用方法

pageContext 对象的常用方法见表 2-11。

表 2-11　pageContext 对象的常用方法

方法	说明
void forward(String relativeUrlPath)	把页面转发到另一个页面或者 Servlet 组件上
Exception getException()	返回当前页的 exception 对象
ServletRequest getRequest()	返回当前页的 request 对象
ServletResponse getResponse()	返回当前页的 response 对象

续表 2-11

方法	说明
ServletConfig getServletConfig()	返回当前页的 ServletConfig 对象
HttpSession getSession()	返回当前页的 session 对象
Object getPage()	返回当前页的 page 对象
ServletContext getServletContext()	返回当前页的 ServletContext(application)对象
public Object getAttribute(String name)	获取指定的属性值
Object getAttribute(String name,int scope)	在指定的范围内获取指定的属性值
void setAttribute(String name,Object attribute)	设置属性及属性值
void setAttribute(String name,Object obj,int scope)	在指定范围内设置属性及属性值
void removeAttribute(String name)	删除某属性
void removeAttribute(String name,int scope)	在指定范围内删除某属性
void invalidate()	全部销毁 ServletContext 对象

pageContext 对象的主要作用是提供一个单一的界面，以管理各种公开对象(如 session、application、config、request、response 等)；提供一个单一的 API，以管理对象和属性。

(三)示例

代码如下：

```
<body>
  <%
      request.setAttribute("info", "value of request scope");
      session.setAttribute("info", "value of request scope");
      application.setAttribute("info",
                                   "value of application scope");
  %>

  利用 pageContext 取出以下范围内各值(方法一)：<br>
  request 设定的值：
  <% = pageContext.getRequest().getAttribute("info") %><br>
  session 设定的值：
  <% = pageContext.getSession().getAttribute("info") %><br>
  <br> application 设的值：
  <% = pageContext.getServletContext().getAttribute("info") %><br>
  <hr>

  利用 pageContext 取出以下范围内各值(方法二)：<br>
```

```
    范围 1(page)内的值：
            <% = pageContext.getAttribute("info", 1) %><br>
    范围 2(request)内的值：
            <% = pageContext.getAttribute("info", 2) %><br>
    范围 3(session)内的值：
            <% = pageContext.getAttribute("info", 3) %><br>
    范围 4(application)内的值：
            <% = pageContext.getAttribute("info", 4) %>
  <hr>

  利用 pageContext 修改或删除某个范围内的值：
        <% pageContext.setAttribute("info",
  "value of request scope is modified by pageContext", 2);
   %><br>

  修改 request 设定的值：<br>
        <% = pageContext.getRequest().getAttribute("info") %> <br>
        <% pageContext.removeAttribute("info"); %> <br>

  删除 session 设定的值：<% = session.getAttribute("info") %>

</body>
```

pageContext 示例代码的运行结果如图 2-18 所示。

利用 pageContext 取出以下范围内各值(方法一)：
request 设定的值：value of request scope
session 设定的值：value of request scope
application 设的值：value of application scope

利用pageContext取出以下范围内各值(方法二)：
范围1(page)内的值：null
范围2(request)内的值：value of request scope
范围3(session)内的值：value of request scope
范围4(application)内的值：value of application scope

利用 pageContext 修改或删除某个范围内的值：
修改 request 设定的值：
value of request scope is modified by pageContext
删除 session 设定的值：null

图 2-18 pageContext 示例代码的运行结果

五、session 对象

(一)session 对象概述

客户端与服务器之间的通信是通过 HTTP 协议完成的。HTTP 是一种无状态的协议，这意味着每次客户端向服务器发出请求时，服务器不会自动保留任何与之前请求有关的状态信息。在客户端向服务器发出请求，服务器接收请求并返回响应后，该连接就被关闭了。此时，服务器不会保留连接的相关信息。因此，要想在不同请求之间记住用户的连接信息，可以使用 JSP 提供的 session 对象。

当用户登录网站时，系统将为其生成一个独一无二的 session 对象，用于记录该用户的个人信息。session 对象可以绑定若干用户的信息或 JSP 对象，并且不同 session 对象的同名变量不会相互干扰。例如，一个用户的购物车信息可以存储在其 session 对象中，而另一个用户的购物车信息则存储在另一个 session 对象中，这样就不会产生数据混淆。

当用户访问网站时，服务器会为该用户创建一个 session 对象，并生成一个唯一的 session ID。这个 session ID 通常通过客户端的 Cookie 进行存储和传递，以确保每次用户请求时都能带上该 session ID，从而使服务器能够识别出这是同一个用户的请求。如果客户端不支持 Cookie，session ID 也可以通过 URL 重写的方式进行传递。

在用户登录网站后，所有与该用户相关的操作和信息都可以通过 session 对象进行管理。例如，用户的登录状态、购物车内容、浏览历史等都可以保存在 session 对象中。当用户退出网站时，与其关联的 session 对象将被注销，服务器会清除与该用户相关的所有信息。

当用户再次访问该服务器的其他页面时，不会分配给用户新的 session 对象，而是继续使用原有的 session 对象。只有在用户关闭浏览器，或者在一定时间内(系统默认 30 分钟，但这个时间可以在编写程序时进行修改，或者显式地结束一个会话)客户端不向服务器发出请求时，服务器才会取消该用户的 session 对象，与用户的会话对应关系也将消失。当用户重新打开浏览器并再次连接到该服务器时，服务器会为该用户创建一个新的 session 对象。

session 对象保存的是每个用户专用的私有信息，可以是与客户端有关的信息，也可以是一般信息。根据需要，可以在 session 对象中设定相应的内容，这些内容在当前 session 属性范围内是共享的。例如，可以将用户的姓名、ID、权限级别等信息存储在 session 对象中，以便在后续的请求处理中使用。

session 对象的使用为 Web 应用开发提供了极大的便利，特别是在需要保持用户状态的应用场景中。通过 session 对象，开发者可以轻松地管理用户的登录状态、个性化设置、购物车内容等，从而增强用户的体验效果。

在实际应用中，开发者还可以根据需要对 session 对象的生命周期进行管理。例如，可以在用户登录时创建 session 对象，并在用户退出时显式地销毁 session 对象；还可以设置 session 对象的超时时间，以便在用户长时间不活动时自动销毁 session 对象，从而释放服务器资源。

session 对象在许多应用中非常有用，但也需要注意其潜在的安全性问题。由于 session 对象被存储在服务器端，如果服务器遭到攻击，攻击者可能会获取所有用户的 session 信息。因此，开发者应该采取必要的安全措施，例如使用 HTTP 加密通信、定期更换 session ID、在敏感操作前重新验证用户身份等，以保护用户数据的安全。

总之，session 对象在 Web 应用开发中扮演着重要角色。通过合理使用 session 对象，开发者可以实现复杂的用户状态管理和数据共享，从而构建功能强大、用户体验良好的 Web 应用。然而，在使用 session 对象时，也需要注意其安全性和资源管理，以确保应用的可靠性和数据安全。

(二)session 对象的常用方法

session 对象的常用方法见表 2-12。

表 2-12 session 对象的常用方法

方法	说明
Object getAttribute(String name)	获取指定名称的属性
Enumeration getAttributeName()	获取 session 中全部属性的名称

续表 2-12

方法	说明
long getCreationTime()	返回 session 的创建时间，单位是毫秒
public String getId()	返回创建 session 时 JSP 引擎为它设置的唯一 ID 号
long getLastAccessedTime()	返回此 session 中客户端最近一次请求的时间，由 1970-01-01 算起，单位是毫秒。使用这个方法，可以判断某个用户在站点上一共停留了多长时间
int getMaxInactiveInterval()	返回 2 次请求间隔多长时间 session 被销毁(单位是秒)
void setMaxInactiveInterval(int interval)	设置 2 次请求间隔多长时间 session 被销毁(单位是秒)
void invalidate()	销毁 session 对象
boolean isNew()	判断请求是否会产生新的 session 对象
void removeAttribute(String name)	删除指定名称的属性
void setAttribute(String name,String value)	设定指定名称的属性值

(三)设置及获取会话属性

JSP 页面可以将任何对象作为属性来保存。使用 setAttribute()方法设置指定名称的属性，并将其存储在 session 对象中；使用 getAttribute()方法获取与指定名称 name 相联系的属性。代码如下：

```
session.setAttribute(String name,String value);
//参数 name 为属性名称,value 为属性值

session.getAttribute(String name);
//参数 name 为属性名称
```

(四)移除会话中的指定属性

JSP 页面可以将任何已经保存的 session 对象部分或者全部移除。使用 removeAttribute()方法，将指定名称的对象移除，也就是说，从这个会话中移除与指定名称绑定的对象。使用 invalidate()方法，可以将会话中的全部内容移除。代码如下：

```
session.removeAttribute(String name);
//参数 name 为 session 对象的属性名,代表要移除的对象名

session.invalidate();     //把保存的所有对象全部移除
```

示例：

```
session 的创建时间:<% = new Date(session.getCreationTime()).
toLocaleString() %>
```

```
    <br>
    session 的 ID 号:<% = session.getId() %><br>
    <hr>

    当前时间:<% = new Date().toLocaleString() %> <br>

    该 session 是新创建的吗?:<% = session.isNew() ? "是" : "否" %><br>
    <hr>

    当前时间:<% = new Date().toLocaleString() %><br>

    移除 session 中的数据后:<br>
    <%   session.removeAttribute("info");
          if (session.getAttribute("info") = = null) {
             out.println("session 对象 info 已经不存在");
          } else {
             out.println(session.getAttribute("info"));
      }
    %>
</body>
```

会话指定属性的移除结果如图 2-19 所示。

图 2-19 会话指定属性的移除结果

六、application 对象

（一）application 对象的定义

application 对象是 javax. servlet. ServletContext 类的一个实例，它在整个服务器的生命周期中存在，从服务器启动到关闭始终不变。这意味着，在同一个 Web 应用程序中的所有用户都可以访问和修改 application 对象的属性，从而实现数据共享和全局状态管理。

application 对象在服务器启动时被创建，在服务器关闭时被销毁。因此，它可以用于存储一些全局性的数据和配置信息，如数据库连接池、全局计数器和系统配置参数等。这些数据可以在整个应用程序的各个部分被共享和使用，而无须每次都重新创建或传递。

在多用户或多连接的环境下，application 对象非常有用。例如，可以用它来跟踪当前在线的用户数，记录应用程序的启动时间，存储全局变量或配置信息等。开发者可以通过 setAttribute()方法和 getAttribute()方法对 application 对象的属性进行操作，从而在不同用户之间共享数据或控制应用程序的行为。

需要注意的是，application 对象是全局共享的，多个线程可能同时访问和修改其中的数据。因此，开发者在使用 application 对象时需要考虑线程的安全性，确保数据的一致性和安全性。可以通过同步措施或其他并发控制机制来避免数据冲突和竞争条件。

application 对象在 Java Web 应用开发中扮演着重要角色，它提供了一个有效的机制来管理和共享全局数据和状态，从而提高应用程序的性能、可维护性和可扩展性。

(二)application 对象的常用方法

application 对象的常用方法见表 2-13。

表 2-13 application 对象的常用方法

方法	说明
Object getAttribute(String arg)	获取 application 对象中含有关键字的对象
Enumeration getAttributeNames()	获取 application 对象的所有参数名称
int getMajorVersion()	获取服务器支持 Servlet 的主版本号
int getMinorVersion()	获取服务器支持 Servlet 的从版本号
void removeAttribute(String name)	根据名称删除 application 对象的参数
void setAttribute(String key, Object obj)	将参数 Object 指定的对象 obj 添加到 application 对象中，并为添加的对象指定一个索引关键字

(三)示例

代码如下：

```
<body>
  JSP (SERVLET)引擎名及版本号：
      <%=application.getServerInfo()%><br>
  服务器支持的 Server API 的最大版本号：
      <%=application.getMajorVersion()%><br>
  服务器支持的 Server API 的最小版本号：
      <%=application.getMinorVersion()%><br>
  指定资源(文件及目录)的 URL 路径：
      <%=application.getResource("login.jsp")%><br>
  返回 Test.jsp 虚拟路径的真实路径：
      <%=application.getRealPath("login.jsp")%>
</body>
```

application 对象示例代码的运行结果如图 2-20 所示。

JSP（SERVLET）引擎名及版本号: Apache Tomcat/7.0.30
服务器支持的Server API的最大版本号: 3
服务器支持的Server API的最小版本号: 0
指定资源（文件及目录）的URL路径: jndi:/localhost/HelloWorldServlet/login.jsp
返回Test.jsp虚拟路径的真实路径: E:\MyEclipse Professional 2014\workspace\.metadata\.me_tcat7\webapps\HelloWorldServlet\login.jsp

图 2-20　application 对象示例代码的运行结果

注意：appliaction 对象在同一个服务器内的所有用户之间共享数据；对于整个 Web 服务器，application 对象有且只有一个实例。

七、page 对象

（一）page 作用域

在 Java Web 应用开发中，page 作用域（page scope）是指由页面生成的 Servlet 实例的属性范围。这些属性仅在生成它们的页面（JSP 或 Servlet）的生命周期内有效。当用户从该页面跳转到其他页面时，这些属性就无法被访问或获取了。通常可以使用 pageContext 对象来表示 page 作用域，它提供了一种方便的方式来管理和访问页面范围的属性。

page 作用域的特性使开发者可以在同一个页面内共享和传递数据，而不影响其他页面。这种局部的作用域非常适合存储和处理与当前页面直接相关的数据，如表单提交后的临时数据、页面间的交互信息等。在编写页面逻辑时，通过 pageContext. setAttribute()方法和 pageContext. getAttribute()方法可以方便地设置和获取这些属性，从而确保数据在页面内的有效传递和使用。

page 作用域提供了一种简单而有效的方式来管理页面级别的数据，使开发者能够更灵活地控制数据的作用范围和生命周期，从而提升应用程序的可维护性和开发效率。

（二）page 对象的常用方法

page 对象的常用方法见表 2-14。

表 2-14　page 对象的常用方法

方法	说明
class getClass()	返回当前 Object 的类
int hashCode	返回 Object 的 hash 代码
String toString	把 Object 对象转换成 String 类的对象
boolean equals(Object obj)	比较对象和指定的对象是否相等
void copy(Object obj)	把对象拷贝到指定的对象中
Object clone()	复制对象（克隆对象）

（三）示例

代码如下：

```
<body>
  <%
      Object obj;
```

```
        obj = null;
    %>
    返回当前页面所在类:<% =page.getClass() %><br>
    返回当前页面的 hash 代码:<% =page.hashCode() %><br>

    转换成 String 类的对象:<% =page.toString() %><br>

    比较 1:<% =page.equals(obj) %> <br>
    比较 2:<% =page.equals(this) %> <br>
</body>
```

page 对象示例代码的运行结果如图 2-21 所示。

返回当前页面所在类：class org.apache.jsp.index_jsp
返回当前页面的hash代码：1560252447
转换成String类的对象：org.apache.jsp.index_jsp@5cff901f
比较1：false
比较2：true

图 2-21　page 对象示例代码的运行结果

解析:脚本中的 obj 对象并不是指 this 本身,在第一行通过 getClass()方法,可知 this 指的是本身的 JSP 页面,即 index. jsp;在最后的“比较 2”中,结果得以验证。

八、config 对象

(一)config 对象的定义

config 对象是 javax. servlet. ServletConfig 类的实例,用于表示一个 Servlet 的配置信息。在 Servlet 初始化时,Web 容器通过 config 对象将一些必要的信息传递给 Servlet,这些信息包括初始化参数和关于服务器环境的信息。

在开发者编写 Servlet 时,可以在 web. xml 文件中为每个 Servlet 配置初始化参数,这些参数可以在 Servlet 初始化时通过 config 对象获取。

除了初始化参数,config 对象还提供了访问 ServletContext 对象的方法,以获取全局的 Web 应用程序信息和资源,如应用程序的名称、路径和文件路径等。这使 Servlet 在运行时能够方便地访问和操作应用程序级别的数据和资源。

config 对象的作用范围限定在当前 Servlet 实例所服务的页面或请求范围内。它提供了一个局部的作用域,用于存储和管理与当前 Servlet 直接相关的配置信息和初始化参数。在编写复杂的 Web 应用程序时,合理使用 config 对象可以帮助开发者更好地组织和管理代码,提高应用程序的灵活性和可维护性。

config 对象在 Servlet 编程中具有重要的作用,它通过传递初始化参数和 ServletContext 对象,帮助 Servlet 获取所需要的配置信息和全局上下文,从而更加灵活和高效地实现 Web 应用程序的开发。

(二)config 对象的常用方法

config 对象的常用方法见表 2-15。

表 2-15 config 对象的常用方法

方法	说明
ServletContext getServletContext()	返回所执行的 Servlet 的环境对象
String getServletName()	返回所执行的 Servlet 的名称
String getInitParameter(String name)	返回指定名称的初始化参数值
Enumeration getInitParameterName()	返回该 JSP 中所有初始化参数的名称的枚举
void copy (Object obj)	把对象拷贝到指定的对象中
Object clone()	复制对象(克隆对象)

(三)示例

代码如下：

```
<body>
        <%
            /* 读取参数 */
        int age = Integer.
                    parseInt(config.getInitParameter("age"));

        out.print("年龄为:" + age);
        %>
</body>
```

可以在 web.xml 文件中设置初始化参数，一般这种参数是固定的，不会再发生改变。在任意 JSP 中，可以通过如下的方法读取该参数：

```
<!-- 1.创建服务 servlet -->
<servlet>
    <servlet-name>readConfig</servlet-name>
    <!-- 请求的 jsp 路径-->
    <jsp-file>/readConfig.jsp</jsp-file>

    <!-- 定义初始化参数 -->
    <init-param>
        <param-name>age</param-name>
        <param-value>18</param-value>
    </init-param>
</servlet>
```

```
<!-- 2.配置服务 servlet -->
<servlet-mapping>
    <servlet-name>readConfig</servlet-name>
    <url-pattern>/readConfig.jsp</url-pattern>
</servlet-mapping>
```

初始化参数的读取结果如图 2-22 所示。

图 2-22 初始化参数的读取结果

九、exception 对象

(一)exception 对象的定义

exception 对象在 Java Web 开发中扮演着关键的角色，它用于显示和处理在 JSP 页面中发生的异常信息。通常情况下，只有在设置了 isErrorPage="true"的 JSP 页面中才可以使用 exception 对象，这样的页面被称为错误页面，用于处理应用程序中未捕获的异常情况。

在一般的 JSP 页面中，如果发生未捕获的异常情况，该页面将无法编译成有效的 Servlet，并且会导致运行错误。为了处理这种情况，可以通过 page 指令将当前页面标记为错误页面，并设置 isErrorPage="true"。这样，当发生异常情况时，容器会创建一个 exception 对象，并将其传递到错误页面中。

在 Java 程序中，开发者可以使用 try/catch 关键字来捕获和处理异常情况。类似地，在 JSP 页面中，如果异常情况未在页面内部被捕获，容器会自动创建一个 exception 对象，并将其传递给错误页面。开发者可以在错误页面中通过 exception 对象获取异常情况的详细信息，如异常类型、消息、堆栈轨迹等，并对这些信息进行适当的处理和展示。

使用 exception 对象可以帮助开发者更好地调试和管理应用程序中的异常情况。通过合理设置错误页面和处理逻辑，可以提升应用程序的健壮性和用户体验。在处理错误的过程中，还可以使用 page 指令的 errorPage 属性来指定特定的错误处理页面，从而实现对不同类型异常情况的精细化处理。

exception 对象在 JSP 错误处理中是不可或缺的一部分，它使开发者能够捕获和展示异常信息，从而有效地管理应用程序的异常情况，确保用户能够得到清晰和友好的错误提示和处理结果。

(二)示例

假定 makeException.jsp 会产生异常，代码如下：

```
<%@ page import = " java.util. * " pageEncoding = " utf-8"
        errorPage = "showException.jsp" %>
```

```
<!DOCTYPE>
<html>
  <head></head>
  <body>
    <%
      int age = Integer.
                parseInt(request.getParameter("age"));

      out.print("我的年龄是:" + age);
      %>
  </body>
</html>
```

showException.jsp 用于接收报错信息,显示异常页面,代码如下:

```
<%@ page import = "java.util.*" isErrorPage = "true" %>
<! DOCTYPE>
<html>
  <head>
  </head>
  <body>
      出错了,异常信息如下:<br>
      <% = exception.toString() %>
  </body>
</html>
```

设置的输入参数是年龄,因此使用 int 类型接收参数值。使用 int 类型接收参数值的结果如图 2-23 所示。但是输入的参数值是不可控的,用户有可能输入字符串等类型的值,这时便会产生类型转换异常,如图 2-24 所示。

图 2-23 使用 int 类型接收参数值的结果

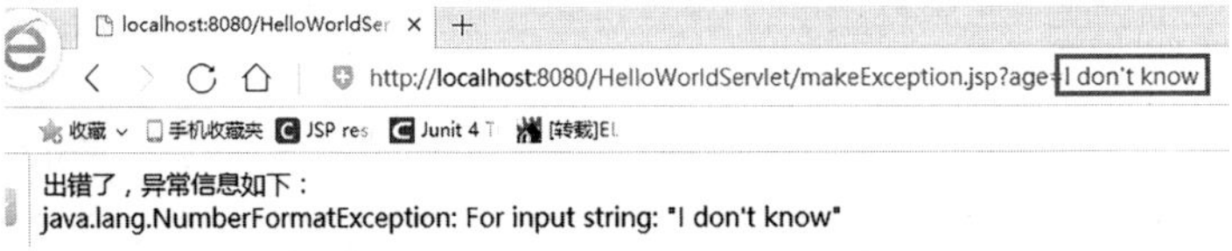

图 2-24 输入字符串类型值时的运行结果

本章小结

1. JSP 提供了 9 个内置对象，分别是 request、response、session、application、page、pageContext、out、config 和 exception。

2. JSP 中存在 4 种属性范围，范围从小到大分别是 page、request、session、application。

关于属性操作的方法如下：

①设置属性　public void setAttribute(String name,Object value)。

②获取属性　public Object getAttribute(String name)。

③删除属性　public void removeAttribute(String name)。

在操作时，所有的属性名称都是使用 String 来接收的，所有的属性内容都是使用 Object 来接收的。因此，可以保存任意对象，获取对象后可再根据设计需求进行向下类型的强制转换操作。

3. request 对象是 javax. servlet. http. HttpServletRequest 接口的一个实例，主要表示取得客户端发送的请求信息，其本身是 ServletRequest 的子接口，主要应用在 HTTP 协议上。

获取请求参数：String getParameter (String name) 和 String[] getParameterValues (String name)。

4. response 对象是 javax. servlet. http. HttpServletResponse 接口的一个实例，主要表示服务器端对客户端的响应，其本身是 ServletResponse 的子接口，主要应用在 HTTP 协议上。

设置重定向：response. sendRedirect(String url)。

5. 在 Web 中通过 session 对象表示每一个用户。每一个新的用户连接到服务器时，服务器都会自动分配一个 session ID 给用户，相当于用户的唯一标识。

session 对象最常见的应用有登录验证、注销操作、储存购物车信息等。

6. application 是 Web 应用中的全局对象，对该对象的操作将影响连接到服务器的所有请求。因此，使用该对象时，应进行合理设计，妥善处理。

7. config 对象的 getInitParameter()方法可以获取 web. xml 中设置的初始化参数。

练习巩固

1. 使用 JSP 以表格形式显示 1970—2017 年中哪一年是闰年，哪一年不是闰年。[提示：页面输出可以使用“<%= %>”或者“out. println('页面内容')”]。

2. 在 input. jsp 中包含一个表单，输入用户名和密码。表单中 form 的 action 指向 show. jsp。在 show. jsp 中显示输入的用户名及密码。(提示：结合数据库并使用登录判断，登录成功后将用户名显示在主页上。)

3. 在 a. jsp 中输入 n 的值，通过<form action="b. jsp"/>跳转到 b. jsp。在 b. jsp 中读取参数 n 的值，并根据 n 打印 n 行等边三角形。要求作出错误处理，并使用 exception 对象显示错误信息。

4. 开发一个图书管理系统，实现对书籍的增、删、改、查操作。(提示：结合数据库实现。)

第三章

Servlet详解

第三章 教学课件(原创)

第一节 Servlet 开发初体验

在 Java Web 应用开发中,Servlet 是一种基于 Java 语言编写的服务器端程序,主要用于处理客户端的请求并生成响应。相较于 JSP,Servlet 更加注重对后端逻辑的处理和对请求的控制。它直接操作 HTTP 请求和响应对象,提供了灵活和强大的编程能力。

一、Servlet 的功能

Servlet 可以被看作一种特殊的 Java 类。Servlet 通过创建一个框架来扩展服务器的能力,以在 Web 服务器上请求和响应服务。当客户端发送请求至服务器时,服务器可以将请求信息发送给 Servlet,并让 Servlet 建立起服务器返回给客户端的响应。当启动 Web 服务器或客户端第一次请求服务时,可以自动装入 Servlet。装入后,Servlet 继续运行直到其他客户端发出请求。Servlet 的功能很全面,它可完成如下功能:

(1)创建并返回一个包含基于客户请求性质的动态内容的完整 HTML 页面。

(2)创建可嵌入一部分现有 HTML 页面的 HTML 页面(HTML 片段)。

(3)与其他服务器资源(包括数据库和基于 Java 的应用程序)进行通信。

(4)用多个客户端处理连接,接收多个客户端的输入,并将结果广播到多个客户端上。例如,Servlet 可以是多个参与者的游戏服务器。

(5)在允许以单连接方式传送数据的情况下,在浏览器上打开 applet 至服务器的新连接,并将该连接保持打开状态。在允许客户端和服务器端简单、高效地执行会话的情况下,applet 也可以启动客户端浏览器和服务器端之间的连接,通过定制协议或标准(如 IIOP)进行通信。

(6)对特殊的处理采用 MIME 类型过滤数据,例如图像转换和服务器端(包括 SSI)。

(7)将定制的处理提供给所有服务器的标准例行程序。例如,Servlet 可以修改用户认证方式。

二、Servlet 的特点

(1)灵活地请求处理:Servlet 可以处理各种类型的 HTTP 请求,包括 get()方法和 post()方法等。通过重写 Servlet 的 doGet()、doPost()等方法来响应不同的 HTTP 请求,这使开发者可以根据具体的业务需求进行精细化的请求处理和逻辑控制。

(2)面向对象的编程模型:Servlet 是基于 Java 语言编写的,完全面向对象。开发者可以利用 Java 语言的强大特性来实现复杂的业务逻辑,通过继承和实现接口来实现代码的复用和扩展。

(3)与底层协议的直接交互:Servlet 直接与底层的 HTTP 协议进行交互,可以读取请求的参数,处理请求头和响应头等。这种直接的接触使 Servlet 在处理性能和请求控制方面更加灵活和高效。

(4)服务器端的控制力:Servlet 主要运行在服务器端,与 JSP 相比更加注重后端逻辑的处理和控制流程的实现。它可以通过 Java EE 提供的各种 API 来访问数据库,执行事务,发送电子邮件。

(5)跨平台和开放性:Servlet 是 Java EE 技术的一部分,因此具有跨平台和开放性的优势。它可以在任何支持 Java 运行环境的服务器(如 Tomcat、Jetty、WebLogic 等)上运行,从而实现在不同平台上的兼容和部署。

三、Servlet 与 JSP 的结合使用

虽然 Servlet 主要用于处理请求和控制业务逻辑,但是它与 JSP 结合使用时可以实现更完整和高效的 Web 应用开发。通常的开发模式是:Servlet 作为控制器(Controller)来处理业务逻辑和请求路由,而 JSP 则作为视图(View)来负责页面的展示和与用户界面的交互。

例如,一个典型的 Servlet 可能会接收来自客户端的表单提交请求,处理表单数据并生成响应,而响应的内容可以是一个 JSP 页面(用于显示处理结果或者进一步的交互操作)。这种分工不仅使代码结构清晰,而且还提高了开发团队的协作效率和代码的可维护性。

Servlet 是 Java Web 开发的重要组成部分,它通过强大的后端控制和灵活的请求处理能力,为开发者提供了实现复杂 Web 应用的核心技术支持。合理地利用 Servlet 技术,可以有效地实现功能强大、性能高效的 Web 应用程序,从而提升开发效率并满足用户的需求。

第二节 Servlet 解析

开发第一个 Servlet
应用程序教学视频

一、Servlet 的配置

开发第一个 Servlet 应用程序的步骤如下:

(1)创建 Web 项目,选择"Servlet",如图 3-1 所示。在项目中选择 src,点击右键。

(2)点击"Creat a new Servlet",即出现与创建 Class 类似的窗口,如图 3-2 所示。在图 3-2 中可以发现,创建 Servlet 时可以自由选择默认的创建方法,其中的 doGet()方法和 doPost()方法正是与 form 表单中的 method="get|post"相对应的。

(3)填写完成后点击"next",设置 Servlet 名称,如图 3-3 所示。图 3-3 中默认勾选生成 web. xml 文件,底部输入框中的内容会自动生成在 web. xml 文件中。

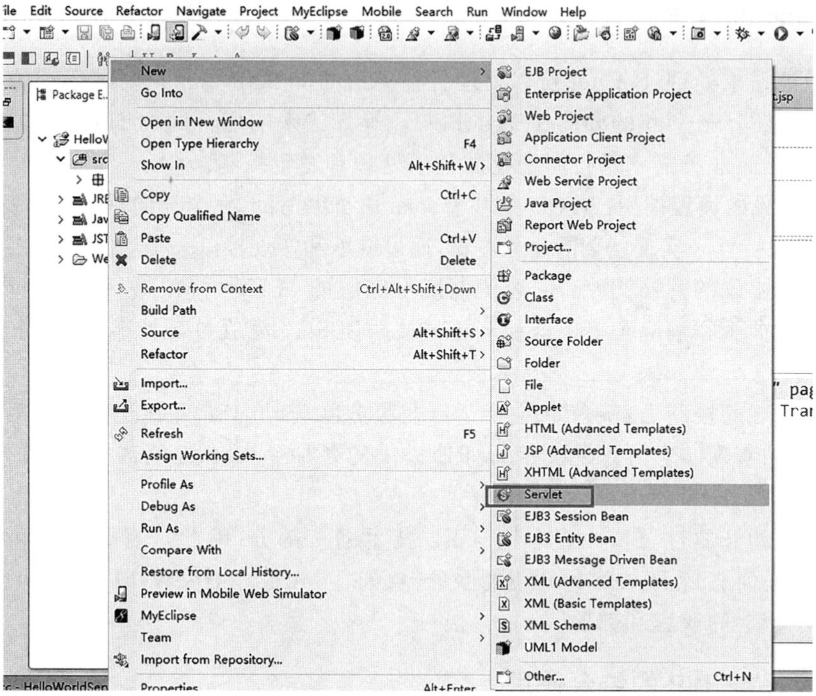

图 3-1 选择 Servlet

图 3-2 创建 Servlet

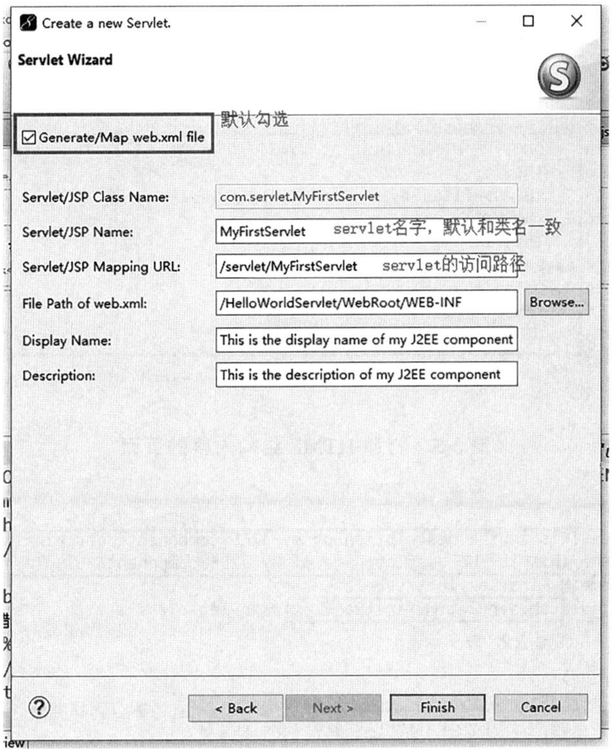

图 3-3　设置 Servlet 名称

(4)点击“Finish”,即可在 Tomcat 中部署项目,并在浏览器中进行访问。Servlet 的访问路径如图 3-4 所示。

图 3-4　Servlet 的访问路径

为什么访问 Servlet 时页面上会显示 get 请求呢?为什么要访问这个路径呢?其实在 Servlet 被创建成功后,src 中会自动生成创建的类。打开刚才创建的 Servlet 代码,就可以看到 doGet()和 doPost()2 个方法。其中,doGet()方法中的代码与图 3-4 中的代码一致。打印 HTML 结构内容的页面如图 3-5 所示。

此时,为什么页面上会显示 get 请求的答案已经揭晓,第二个问题的答案其实在 web. xml 中。url-pattern 的内容如图 3-6 所示。

总结:当用户在浏览器中访问时,Tomcat 会根据访问的路径在 web. xml 中寻找相同的 url-pattern,匹配成功后根据相同的 servlet-name 进入对应的 Servlet 类,然后根据访问请求的方式(get 请求或者 post 请求)进入对应的 doGet()方法或 doPost()方法,进而执行各自的业务。

图 3-5　打印 HTML 结构内容的页面

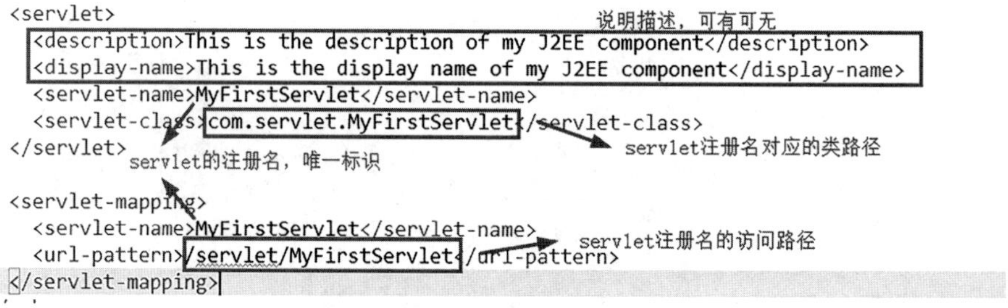

图 3-6　url-pattern 的内容

二、Servlet 的核心对象

(一)ServletConfig

ServletConfig 是 Servlet 类的配置文件类，封装了 Servlet 配置文件的信息。

示例：

(1)创建 Servlet 类，用于读取配置的参数。

```
public class ReadInitServlet extends HttpServlet {

    String encoder = null;
    public void doGet(HttpServletRequest request,
        HttpServletResponse response) throws
        ServletException, IOException
    {
        doPost(request,response);
    }

    public void doPost(HttpServletRequest request,
        HttpServletResponse response) throws
```

```
        ServletException, IOException
    {
        // 中文处理
        request.setCharacterEncoding(encoder);
        response.setContentType("text/html;
                            charset = " + encoder);
        System.out.println(encoder);
    }

    @Override
    public void init() throws ServletException {
        // 读取初始化参数
        String a = this.getInitParameter("a");
        encoder = this.getInitParameter("encoder");
        System.out.println("a:" + a);
    }
}
```

```
response.setContentType("text/html;
                            charset = " + encoder);
```

(2)在配置文件 web.xml 中编写初始化参数。

```
<!-- Servlet 的配置信息 -->
<!-- 注册 Servlet -->
<servlet>
    <servlet-name>ReadInitServlet</servlet-name>
    <servlet-class>com.servlet.ReadInitServlet
    </servlet-class>
    <!-- 定义初始化参数 -->
    <init-param>
        <param-name>a</param-name>
        <param-value>aaa</param-value>
    </init-param>
    <init-param>
        <param-name>encoder</param-name>
        <param-value>utf-8</param-value>
    </init-param>
</servlet>
```

```
<! -- 配置 Servlet -->
<servlet-mapping>
    <servlet-name>ReadInitServlet</servlet-name>
    <url-pattern>/ReadInitServlet</url-pattern>
</servlet-mapping>
```

在 web. xml 文件中配置好参数，部署项目即可访问初始化参数，网址为“http://localhost:8080/HelloWorldServlet/ReadInitServlet”。ServletConfig 初始化参数如图 3-7 所示。

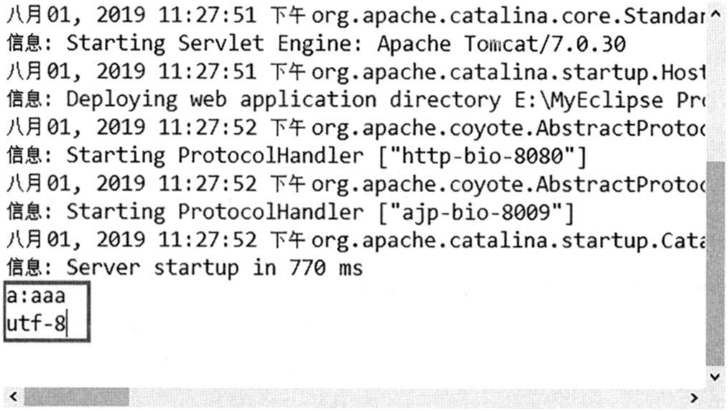

图 3-7 ServletConfig 初始化参数

(二)ServletContext

ServletContext 是一个 Web 应用的环境(上下文)对象，ServletContext 对象内部封装的是该 Web 应用的信息。一个 Web 应用只有一个 ServletContext 对象，但是可以有多个 Servlet 对象。

(1)获得 ServletContext 对象的方式：

```
ServletContext servletContext = config. getServletContext();
ServletContext servletContext  =  this. getServletContext();
```

(2)ServletContext 的作用：

①获得 Web 应用全局的初始化参数。

```
protected void doGet(HttpServletRequest request,
        HttpServletResponse response) throws
        ServletException, IOException {

    // 获取 ServletConfig 对象
    ServletConfig config  =  getServletConfig();

    // 获取 Servlet 的上下文对象
```

```
        ServletContext context = config.getServletContext();

        // 获取 web.xml 文件中配置的初始化参数
        String passwordValue =
            context.getInitParameter("password");
        System.out.println("获取 context-param 参数:" +
                        passwordValue);

        // ServletContext 无法获取 Servlet 中配置的 init-param 参数
        String usernameValue =
                context.getInitParameter("username");
        System.out.println("获取 servlet 配置的 init-param 参数:"
                        + usernameValue);
    }
```

②在 web.xml 文件中配置初始化参数。

```
<!-- 配置由 ServletContext 获取的参数 -->
<context-param>
    <!-- 配置参数的名 -->
    <param-name>password</param-name>
    <!-- 配置参数的值 -->
    <param-value>root</param-value>
</context-param>
<servlet>
    <!-- 配置 Servlet 中的别名 -->
    <servlet-name>ContextServlet</servlet-name>
    <!-- 配置 Servlet 的全类名 -->
    <servlet-class>
        com.servlet.ContextServlet
    </servlet-class>
    <!-- 定义初始化参数 -->
    <init-param>
        <param-name>username</param-name>
        <param-value>admin</param-value>
    </init-param>
</servlet>
<servlet-mapping>
    <!-- 配置 Servlet 的别名 -->
```

```
        <servlet-name>ContextServlet</servlet-name>
        <!-- 配置 Servlet 的访问路径 -->
        <url-pattern>/contextServlet</url-pattern>
    </servlet-mapping>
```

ServletContext 初始化参数的配置结果如图 3-8 所示。

图 3-8 ServletContext 初始化参数的配置结果

此时,可以很明显地发现,ServletContext 对象无法获取 Servlet 中配置的初始化参数。

③获取 Web 应用中任何资源的绝对路径。

```
        // 获取 ServletConfig 对象
        ServletConfig config = getServletConfig();

        // 获取 Servlet 的上下文对象
        ServletContext context = config.getServletContext();

        // 获取"/"表示的路径,即 http://127.0.0.1:8080/工程名/ 所表示的
硬盘绝对路径,也就是 WebContent 下的内容
        String path = context.getRealPath("/");
        System.out.println("硬盘路径:" + path);

        // 获取"/images"表示的路径,也就是 WebContent 目录下的 imgs 目录部
署发布后的硬盘绝对路径
        String imgspath = context.getRealPath("/images");
        System.out.println("/images 的硬盘路径:" + imgspath);
```

获取 Web 应用资源的绝对路径如图 3-9 所示。

④设置全局共享属性。所谓全局共享,就是在多个 Servlet 类中可以访问并获取相同的属性。可以在项目中创建 2 个 Servlet(AServlet 和 BServlet),通过对 Servlet 的切换访问并打印

```
八月 02, 2019 11:20:51 下午 org.apache.catalina.startup.Catalina start
信息: Server startup in 770 ms
硬盘路径: E:\MyEclipse Professional 2014\workspace\.metadata\.me_tcat7\webapps\HelloWorldServlet\
images的硬盘路径: E:\MyEclipse Professional 2014\workspace\.metadata\.me_tcat7\webapps\HelloWorldServlet\images
```

图 3-9　获取 Web 应用资源的绝对路径

相同的属性来实现全局共享。

A. AServlet 的代码如下：

```
public void doGet(HttpServletRequest request, HttpServletResponse response)
        throws ServletException, IOException {

    // 获取 ServletConfig 对象
    ServletConfig config = getServletConfig();

    // 获取 Servlet 的上下文对象
    ServletContext context = config.getServletContext();

    // 设置全局属性
    String str = "验证 ServletContext 的全局共享是否正确";
    context.setAttribute("str", str);

    System.out.println("AServlet 设置 str 属性完成");

}
```

B. BServlet 的代码如下：

```
public void doGet(HttpServletRequest request,HttpServletResponse response)
        throws ServletException, IOException {

    // 获取 ServletConfig 对象
    ServletConfig config = getServletConfig();
    // 获取 Servlet 的上下文对象
    ServletContext context = config.getServletContext();

    // 获取全局属性
    Object obj = context.getAttribute("str");

    if(obj != null){
```

```
        System.out.println(obj.toString() + ":正确");
    }else{
        System.out.println("全局属性 str 为 null");
    }
}
```

C. web.xml 文件的配置如下：

```
<servlet>
        <servlet-name>AServlet</servlet-name>
        <servlet-class>com.servlet.AServlet</servlet-class>
  </servlet>
  <servlet>
        <servlet-name>BServlet</servlet-name>
        <servlet-class>com.servlet.BServlet</servlet-class>
  </servlet>

  <servlet-mapping>
        <servlet-name>AServlet</servlet-name>
        <url-pattern>/AServlet</url-pattern>
  </servlet-mapping>
  <servlet-mapping>
        <servlet-name>BServlet</servlet-name>
        <url-pattern>/BServlet</url-pattern>
  </servlet-mapping>
```

D. 访问测试的过程如下：

a. 访问“http://localhost:8080/HelloWorldServlet/BServlet”，查看控制台打印语句；

b. 访问“http://localhost:8080/HelloWorldServlet/AServlet”，设置全局的 str 属性值；

c. 访问“http://localhost:8080/HelloWorldServlet/BServlet”，获取打印的 str 属性值；

d. 根据结果，如果打印正确，就说明为全局属性共享。

全局共享属性的设置结果如图 3-10 所示。

```
八月 02, 2019 11:49:10 下午 org.apache.catalina.startup.Catalina start
信息: Server startup in 776 ms
全局属性str为null
AServlet设置str属性完成
验证ServletContext的全局共享是否正确：正确
```

图 3-10　全局共享属性的设置结果

三、Servlet 的生命周期

(一)加载和实例化

Servlet 容器负责加载和实例化 Servlet。当 Servlet 容器启动或检测到需要这个 Servlet 来响应第一个请求时,创建 Servlet 实例。当 Servlet 容器启动后,它必须知道所需要的 Servlet 类在什么位置。Servlet 容器可以从本地文件系统、远程文件系统或者其他的网络服务中,通过类加载器加载 Servlet 类。Servlet 类被加载成功后,Servlet 容器就会创建 Servlet 实例。

(二)初始化

在 Servlet 实例化之后,Servlet 容器将调用 Servlet 实例的 init()方法来初始化这个对象。初始化的目的是让 Servlet 对象在处理客户端请求前完成一些初始化的工作,如建立与数据库的连接、获取配置信息等。对于每一个 Servlet 实例,init()方法只被调用 1 次。在初始化期间,Servlet 实例可以使用 Servlet 容器为它准备的 ServletConfig 对象从 Web 应用程序的配置信息(在 web. xml 文件中配置)中获取初始化参数的信息。

(三)请求处理

Servlet 容器调用 Servlet 实例的 service()方法对请求进行处理。在 service()方法中,Servlet 实例通过 ServletRequest 对象得到客户端的相关信息和请求信息;在对请求进行处理后,Servlet 容器通过调用 ServletResponse 对象的方法设置响应信息。

(四)服务终止

当检测到一个 Servlet 实例应该从服务中被移除的时候,Servlet 容器就会调用 Servlet 实例的 destroy()方法,以便让该实例可以释放它所使用的资源,并将数据保存到持久存储设备中。当需要释放内存或者关闭 Servlet 容器时,Servlet 容器也会调用 Servlet 实例的 destroy()方法。在 destroy()方法被调用之后,Servlet 容器会释放这个 Servlet 实例,该实例随后会被 Java 的垃圾收集器回收。

在 Servlet 的整个生命周期中,创建 Servlet 实例、调用 Servlet 实例的 init()方法和 destroy()方法都只进行 1 次。当初始化完成后,Servlet 容器会将该实例保存在内存中,通过调用它的 service()方法,为接收到的请求服务。

代码如下:

```
import java.io.IOException;
import java.io.PrintWriter;
import javax.servlet.ServletException;
import javax.servlet.http.HttpServlet;
import javax.servlet.http.HttpServletRequest;
import javax.servlet.http.HttpServletResponse;

public class HelloworldServlet extends HttpServlet {

    public HelloworldServlet() {
```

```
        System.out.println("HelloworldServlet 被实例化");
    }

    public void destroy() {
        System.out.println("HelloworldServlet 被销毁化");
    }

    public void doGet(HttpServletRequest request, HttpServletResponse response)
            throws ServletException, IOException {
        System.out.println("HelloworldServlet 进入 get 请求");
        request.setCharacterEncoding("utf-8");
        response.setContentType("text/html;charset=utf-8");
        PrintWriter out = response.getWriter();
        out.println("<!DOCTYPE HTML PUBLIC \"-//W3C//DTD HTML 4.01 Tran-
sitional//EN\">");
        out.println("<HTML>");
        out.println(" <HEAD><TITLE>A Servlet</TITLE></HEAD>");
        out.println(" <BODY>");
        out.print(" This is ");
        out.print(this.getClass() + "<br>");
        out.print(request.getParameter("username") + "--" + request.
getParameterValues("hobby")[1]);
        out.println(" </BODY>");
        out.println("</HTML>");
        out.flush();
        out.close();
    }

    public void doPost(HttpServletRequest request, HttpServletResponse response)
            throws ServletException, IOException {
        System.out.println("HelloworldServlet 进入 post 请求");
        response.setContentType("text/html");
        PrintWriter out = response.getWriter();
        out.println("<!DOCTYPE HTML PUBLIC \"-//W3C//DTD HTML 4.01
Transitional//EN\">");
        out.println("<HTML>");
        out.println(" <HEAD><TITLE>A Servlet</TITLE></HEAD>");
        out.println(" <BODY>");
        out.print(" This is ");
```

```
            out.print(this.getClass());
            out.println(", using the POST method");
            out.println(" </BODY>");
            out.println("</HTML>");
            out.flush();
            out.close();
        }

        public void init() throws ServletException {
            System.out.println("HelloworldServlet 被初始化");
        }

    }
```

由代码可知，在 Servlet 对应的方法中加入打印语句，当浏览器访问时，查看控制台即可验证 Servlet 的生命周期。Servlet 生命周期的验证结果如图 3-11 所示。

```
八月17, 2019 9:22:02 上午org.apache.catalina.startup.HostConfig deployDirectory
信息: Deploying web application directory E:\MyEclipse Professional 2014\workspace\.metadata\.m
八月17, 2019 9:22:03 上午org.apache.coyote.AbstractProtocol start
信息: Starting ProtocolHandler ["http-bio-8080"]
八月17, 2019 9:22:03 上午org.apache.coyote.AbstractProtocol start
信息: Starting ProtocolHandler ["ajp-bio-8009"]
八月17, 2019 9:22:03 上午org.apache.catalina.startup.Catalina start
信息: Server startup in 1124 ms
HelloworldServlet被实例化
HelloworldServlet被初始化
HelloworldServlet进入get请求
八月17, 2019 9:23:02 上午org.apache.catalina.core.StandardWrapperValve invoke
```

图 3-11　Servlet 生命周期的验证结果

请注意：destroy()方法中的打印语句只有在服务器停止或被删除时才会被打印，而且由于服务器的停止速度较快，通常很难看见在控制台输出该打印语句。

第三节　Servlet 开发的注意细节

一、URL 映射的配置

URL 映射的配置，即对 Servlet 入口的配置。目前有 2 种方式进行 URL 映射的配置。

(1)使用 WebServlet(URL)。可以通过使用注解方式@WebServlet(URL)访问 Servlet。在给某个 Servlet 类配置 URL 之后，可以通过 URL 来访问这个 Servlet 类。

示例：

```
@WebServlet("BServlet")
public class BServlet extends HttpServlet {
```

```
}
```

(2)使用 web. xml。

二、使用 * 通配符访问 URL 映射

(一)通配符的格式

在配置 Servlet 映射时,<servlet-mapping>节点的子节点<url-pattern>可以用通配符来配置,通配符格式有以下 2 种:

(1)以"/"开头和以"/ * "结尾,如"/news/ * ";

(2)扩展名通配,格式为" * . 后缀名",如" * . do"。

(二)通配符匹配的原则

(1)相似度越高,匹配度越高;

(2)" * . 后缀名"的优先级最低。

(三)示例

(1)以" * . "开头的字符串用于扩展名匹配。

```
<servlet-mapping>
    <servlet-name>MyServlet</servlet-name>
    <url-pattern> * . jsp</url-pattern>
    <url-pattern> * . action</url-pattern>
</servlet-mapping>
```

" * "表示任何扩展名为". jsp"或". action"的 URL 请求都会被匹配,例如"http://localhost: 8080/ HelloWorldServlet/home/home. jsp" 和 "http://localhost: 8080/HelloWorldServlet/toLogin. action"都会被匹配。

(2)以"/"字符开头,并以"/ * "结尾的字符串用于路径匹配。

路径以"/home/"开头,后面的路径可以任意,如下面的 URL 都会被匹配:

```
<servlet-mapping>
    <servlet-name>MyServlet</servlet-name>
    <url-pattern>/home/ * </url-pattern>
</servlet-mapping>
```

访问路径为"http://localhost: 8080/HelloWorldServlet/home/home. css"和"http://localhost:8080/HelloWorldServlet/home/fin. action"。

三、缺省 Servlet

(1)Servlet 的缺省路径(<url-pattern>/</url-pattern>)是在 Tomcat 服务器上内置的一个路径。该路径对应的是一个 DefaultServlet(缺省 Servlet),用于解析 Web 应用的静态资

源文件。

下面的代码配置了一个 DefaultServlet。也就是说，如果在浏览器的 URL 中没有匹配到任何 url-pattern，那么就会与配置了“/”的 url-pattern 进行匹配，并执行该 Servlet。

```
<servlet>
    <servlet-name>DefaultServlet</servlet-name>
    <servlet-class>
        com.servlet.DefaultServlet
    </servlet-class>
</servlet>

<servlet-mapping>
    <servlet-name>DefaultServlet</servlet-name>
    <url-pattern>/</url-pattern>
</servlet-mapping>
```

(2)在大部分情况下，不需要配置缺省的 Servlet。因为当直接通过 URL 访问一个服务器上的静态资源时，这个 URL 并不会与任何一个 url-pattern 相匹配。但是静态资源确实被访问了，这是为什么呢？

例如，当前 Web 应用下的 web.xml 文件中没有任何 url-pattern，如果在地址栏里输入“http://localhost:8080/Servlet/1.html”，此时就能成功地访问到 HTML 的静态资源。这是因为有一个文件配置了缺省的 Servlet，而该缺省的 Servlet 实现的效果就是把静态资源逐一读取到 Java 程序中，再将资源内容发送给客户端浏览器。该文件是一个起到全局配置作用的 web.xml 文件，存放在 Tomcat 服务器的 conf 文件夹内，如图 3-12 所示。

图 3-12 web.xml 文件的位置

注意：web.xml 文件是 Tomcat 服务器自带的文件，当有请求进入 Tomcat 服务器时，根据 URL 成功找到并读取 Tomcat 服务器上的静态资源，再将静态资源发送给客户端；如果无法找到服务器上的静态资源，就发送 404 页面给客户端。配置如下：

```
<servlet>
    <servlet-name>default</servlet-name>
    <servlet-class>
org.apache.catalina.servlets.DefaultServlet
</servlet-class>
    <init-param>
```

```
        <param-name>debug</param-name>
        <param-value>0</param-value>
    </init-param>
    <init-param>
        <param-name>listings</param-name>
        <param-value>false</param-value>
      </init-param>
    <load-on-startup>1</load-on-startup>
</servlet>

    <!-- The mapping for the default servlet -->
    <servlet-mapping>
        <servlet-name>default</servlet-name>
        <url-pattern>/</url-pattern>
    </servlet-mapping>
```

四、线程安全问题

Servlet/JSP 技术和 ASP、PHP 等相比，由于其多线程运行而具有很高的执行效率。Servlet/JSP 默认以多线程模式运行，因此在编写代码时需要非常细致地考虑多线程的安全问题。

Servlet 体系结构是建立在 Java 多线程机制之上的，它的生命周期是由 Web 容器负责的。当客户端第一次请求某个 Servlet 时，Servlet 容器将会根据 web.xml 配置文件实例化这个 Servlet 类。当有新的客户端请求该 Servlet 时，一般不会再实例化该 Servlet 类，也就是有多个线程在使用同一个 Servlet 实例。Servlet 容器会自动使用线程池等技术来支持系统的运行，当 2 个或多个线程同时访问同一个 Servlet 时，可能会发生多个线程同时访问同一资源的情况，访问的数据也可能会变得不一致。因此，在用 Servlet 构建 Web 应用时，如果不注意线程的安全问题，会使所写的 Servlet 程序产生难以发现的错误。

Servlet 的线程安全问题主要是由实例变量使用不当引起的，这里以一个现实的例子来说明，代码如下：

```
public class AServlet extends HttpServlet {

    PrintWriter output;

    @Override
    protected void service(HttpServletRequest request,
            HttpServletResponse response) throws
            ServletException, IOException {
```

```
        String username;
        response.setContentType("text/html;charset = UTF - 8");
        username = request.getParameter("username");
         output = response.getWriter();

        try {
            // 为了突出并发问题,在这里设置一个延时
            Thread.sleep(5000);
            output.println("用户名:" + username + "<BR>");
        } catch (Exception e) {
             e.printStackTrace();
        }
    }
}
```

在该 Servlet 中定义了一个实例变量 output,用 service()方法将其赋值为用户的输出。当一个用户访问该 Servlet 时,程序会正常地运行;但当多个用户并发访问时,就可能会出现其他用户的信息显示在另外一些用户浏览器上的问题。为了突出并发问题,便于测试、观察,在回显用户信息时可以执行一个延时操作。假设已在 web.xml 配置文件中注册了 Servlet,现有 2 个用户 aaa 和 bbb 同时访问该 Servlet(可以启动 2 个 IE 浏览器,或者在 2 台机器上同时访问),即同时在浏览器中输入:"http://localhost:8081/HelloWorldServlet/AServlet? username = aaa"和"http://localhost:8081/HelloWorldServlet/AServlet? username = bbb"。

如果用户 bbb 比用户 aaa 回车的速度稍慢一点,将得到如图 3-13 所示的运行结果。

图 3-13 线程不安全时的运行结果

从图 3-13 可知,Web 服务器启动了 2 个线程分别处理来自用户 aaa 和用户 bbb 的请求,但是用户 aaa 的浏览器却显示为一个空白的屏幕,用户 aaa 的信息显示在用户 bbb 的浏览器上。该 Servlet 存在线程不安全的问题。

分析一下出现这种情况的原因。Java 的内存模型 JMM(Java Memory Model)规定了线程和内存之间的一些关系。根据 JMM 的设计,系统存在一个主内存(Main Memory),而 Java 中所有实例变量都储存在主内存中,而且对于所有线程都是共享的。每条线程都有自己的工作内存(Working Memory),工作内存由缓存和堆栈 2 部分组成。缓存中保存的是主内存中变量的拷贝,缓存并不总是与主内存同步,也就是缓存中变量的修改可能没有立刻被写到主内

存中；堆栈中保存的是线程的局部变量，线程之间无法相互直接访问堆栈中的变量。结合表 3-1 来分析当用户 aaa 和 bbb 的线程（分别简称为 a 线程和 b 线程）被并发执行时，Servlet 实例中所涉及变量的变化情况及线程的执行情况。

表 3-1　变量的变化情况及线程的执行情况

调度时刻	a 线程	b 线程
T1	访问 Servlet 页面	
T2		访问 Servlet 页面
T3	output＝a 的输出 username＝a 休眠 5 000 毫秒，让出 CPU	
T4		output＝b 的输出（写回主内存） username＝b 休眠 5 000 毫秒，让出 CPU
T5	在用户 bbb 的浏览器上输出 a 线程 username 的值，a 线程终止	
T6		在用户 bbb 的浏览器上输出 b 线程 username 的值，b 线程终止

从表 3-1 可以清楚地看到，由于 b 线程对实例变量 output 的修改覆盖了 a 线程对实例变量 output 的修改，从而导致用户 aaa 的信息显示在了用户 bbb 的浏览器上。如果在 a 线程执行输出语句时，b 线程对 output 的修改还没有刷新到主内存上，那么将不会出现如图 3-13 所示的输出结果。因此，这只是一种偶然现象，但这更增加了程序潜在的风险性。

那么，如何解决 Servlet 的线程安全问题呢？针对 Servlet 的线程安全问题，Sun 公司提供了解决方案：让 Servlet 去实现一个 SingleThreadModel 接口。如果某个 Servlet 实现了 SingleThreadModel 接口，那么 Servlet 引擎将以单线程模式来调用其 service()方法。

通过查看 Servlet 的 API 可以看到，SingleThreadModel 接口中没有定义任何方法和常量。在 Java 中，把没有定义任何方法和常量的接口称为标记接口，一个最典型的标记接口就是 Serializable 接口。标记接口在 Java 中有什么作用呢？标记接口的主要作用就是给某个对象打上标志，告诉 JVM 这个对象的功能，如实现 Serializable 接口类的对象就可以被序列化。Cloneable 接口也是一个标记接口。在默认情况下，Java 中的对象是不允许被克隆的，但是只要实现了 Cloneable 接口，对象就可以被克隆了。

只要在 Servlet 类的定义中增加实现 SingleThreadModel 接口的声明，就可以让 Servlet 实现 SingleThreadModel 接口。其定义为：

```
public class AServlet extends HttpServlet
      implements SingleThreadModel{


}
```

SingleThreadModel 不会排除所有的线程安全隐患。例如，会话属性和静态变量仍然可以被多线程的多请求同时访问，即便使用了 SingleThreadModel 接口。此外，如果一个 Servlet 实现了 SingleThreadModel 接口，Servlet 引擎将为每个新的请求创建一个单独的 Servlet 实例，这将引起大量的系统开销。建议开发者采取其他手段来解决这些问题，例如避免实例变量的使用或者在访问资源时同步代码块，而不是实现 SingleThreadModel 接口。SingleThreadModel 接口在 ServletAPI 2.4 中将不被推荐使用。

同步对共享数据的操作，即使用 synchronized 关键字也能保证一次只有一个线程可以访问被保护的区段。Servlet 可以通过同步代码块的操作来保证 Servlet 的线程安全。

```
PrintWriter output;

@Override
protected void service(HttpServletRequest request,
        HttpServletResponse response) throws
        ServletException, IOException {
        String username;
        response.setContentType("text/html;charset = utf - 8");
        username = request.getParameter("username");

        synchronized (this) {
            output = response.getWriter();
            try {
                //为了突出并发问题，在这里设置一个延时
                Thread.sleep(5000);
                output.println("用户名：" + username + "<BR>");
            } catch (Exception e) {
                e.printStackTrace();
            }
        }
    }
```

再次按前述方式浏览时，会出现如图 3-14 所示的结果。

在程序中使用同步代码块保护要使用的共享数据，也会使系统的性能大大下降。这是因为，被同步的代码块在同一时刻只得到一个线程的执行，这使其同时处理多个客户端请求的吞吐量降低，而且很多客户端处于阻塞状态。在实际的开发中，应避免或最小化 Servlet 中的同步代码块。

应避免使用实例变量。线程安全问题是由实例变量造成的，如果在 Servlet 的任何方法里都不使用实例变量，该 Servlet 就是线程安全的。修正 Servlet 代码，将实例变量改为局部变量，可以实现同样的功能。

图 3-14 同步代码块的运行结果

在 Servlet 中避免使用实例变量，是保证 Servlet 线程安全的最佳选择。由 Java 内存模型可以知道，方法中的临时变量是在堆栈上分配空间的，而且每个线程都有自己私有的堆栈空间，因此它们不会影响线程的安全。如果应用程序设计无法避免使用实例变量，那么可以使用同步代码块来保护要使用的实例变量。但为保证系统的最佳性能，应该同步可用性最小的代码路径。

```
@Override
protected void service(HttpServletRequest request,
        HttpServletResponse response) throws
        ServletException, IOException {

    PrintWriter output;

    String username;
    response.setContentType("text/html;charset = utf-8");
    username = request.getParameter("username");

    synchronized (this) {
        output = response.getWriter();
        try {
        // 为了突出并发问题，在这里设置一个延时
        Thread.sleep(5000);
        output.println("用户名:" + username + "<BR>");
        } catch (Exception e) {
            e.printStackTrace();
        }
    }
}
```

在高并发环境下，保障系统的稳定性和安全性是开发者的责任。这不仅体现了开发者的职业道德，还反映了他们对用户和社会的诚信。

(1)责任与职业道德。

①确保系统的稳定性 在设计和编写代码时，开发者需要充分考虑系统在高并发访问下的表现，确保系统能够稳定、高效地运行。

②保障数据的安全 开发者必须确保用户数据在多线程环境下不会被错误地修改或泄露，这涉及对用户隐私和数据安全的尊重和保护。

(2)实践中的诚信开发。

①代码规范 规范地编写代码，并在代码中适当地添加注释，以帮助他人理解和维护代码，这是诚信开发的体现。

②性能优化 在保证线程安全的前提下，尽量优化代码性能，避免不必要的同步和资源浪费。

③安全意识 在处理并发访问时，开发者需要时刻具备安全意识，避免因疏忽导致的安全漏洞。

本章小结

1. Servlet 的配置。

2. 获取 Servlet 的初始化参数。

3. Servlet 的生命周期由 4 个阶段组成。

4. 在 web.xml 文件中，以下语法被用于定义 URL 映射：

①以“/”开头，并以“/ *”结尾的语法用于路径映射；

②以前缀“ *.”开头的语法用于扩展映射；

③“/”用于定义 DefaultServlet 映射；

④其余的语法用于定义详细映射，如/aa/bb/cc.action。

5. JavaWeb 中访问的任何资源都是动态资源，因为资源都是经过 Servlet 运行后生成的。即使直接访问静态资源，也是由缺省的 Servlet 在读取静态资源的内容后，再发送给客户端。

6. Servlet 的线程安全问题只有在大量的并发访问时才会显现出来，并且很难被发现，因此在编写 Servlet 程序时要特别注意。线程安全问题主要是由实例变量造成的，因此在 Servlet 中应避免使用实例变量。如果应用程序设计无法避免使用实例变量，那么使用同步代码块来保护要使用的实例变量，但为保证系统的最佳性能，应该同步可用性最小的代码路径。

练习巩固

1. 实现 3 个 Servlet：AServlet 输入数 1，点击进入 BServlet；BServlet 输入数 2，点击进入 CServlet；CServlet 实现数 1＋数 2 的结果(使用 session、请求参数实现)。

提示：HttpSession session ＝ requset.getSession()。

2. 使用 JSP+Servlet 实现“用户忘记密码”，要求实现数据库的连接。

userinfo 表字段：uid、username、password 和 age。

3. 使用 JSP+Servlet 实现多条件查询商品信息。

例如，淘宝中鞋子的分类查询（尺码、品牌、颜色等的分类联合查询）。

第四章

EL与JSTL标签库

第一节　表达式语言

第四章　教学课件(原创)

一、表达式语言概述

表达式语言(Expression Language,EL)是一种用于简化 JSP 页面编写的技术,最初被定义在 JSTL(JavaServer Pages Standard Tag Library)1.0 规范中。直到 JSP 2.0 版本之后,EL 表达式才正式成为 JSP 规范的一部分。

EL 表达式提供了一种新的操作方式,主要功能为存取变量、执行表达式运算,以及访问内置对象等。EL 表达式通过简洁的语法和内置对象的直接访问,显著地简化了在 JSP 页面中使用 Java 代码的复杂性。开发者可以使用 EL 表达式直接在页面中读取和操作数据,而无须显式地编写大量的 Java 代码。

使用 EL 表达式的主要目的是提高开发效率和代码的可读性。通过 EL 表达式,开发者可以在 JSP 页面中轻松地引用和操作后端 JavaBean 中的属性,也可以进行简单的算术和逻辑运算,如 ${user. name}、${5 + 3} 等。这种直接在页面中嵌入的方式不仅简化了代码结构,还使页面更易于理解和维护。

EL 表达式支持访问许多内置对象,如 ${pageContext. request. contextPath} 可以获取当前应用的上下文路径,${sessionScope. user} 可以获取 session 中"user"的属性值,${param. username}可以获取请求参数中"username"的值等。这些功能大大增强了 JSP 页面的动态性和交互性,使开发者能够更加灵活地设计和实现用户界面。

二、表达式语言的基本语法

EL 表达式的基本语法格式:${标识符}。

EL 表达式用于在 JSP 页面访问作用域中的变量或属性。根据默认规则,EL 表达式会按照作用域从小到大的顺序查找变量,依次是 pageContext、request、session、application。这种查找顺序可以确保在不同作用域中变量的优先级和访问顺序的一致性,使页面开发更加灵活和可控。

对于作用域中的 key 值，默认的查找顺序为 pageContext、request、session、application。注意：EL 表达式只能访问以字母开头的 key 值；EL 表达式只能对数值型常量或变量进行计算，没有赋值运算。

第二节　基本运算符

一、算术运算符

算术运算符包括：＋，例如＄{6＋6}；－，例如＄{4－3}；*，例如＄{4*3}；/，例如＄{9/3}；%，例如＄{10%3}；－，例如＄{－5}。

注意：在 EL 表达式中的“＋”只有数学运算的功能，没有连接符的功能，它会试着把运算符两边的操作数转换为数值型，进而进行数学加法运算，最后将结果输出。若出现＄{'a'＋'b'}，则会产生异常。

算术运算符
教学视频

（一）A{＋，－，*}B

（1）若 A 和 B 为 null，回传（long）0。

（2）若 A 或 B 为 BigDecimal，将另一个也转为 BigDecimal，则：若运算符为“＋”，回传 A. add(B)；若运算符为“－”，回传 A. subtract(B)；若运算符为“*”，回传 A. multiply(B)。

（3）若 A 或 B 为 float、double，或包含 e/E 的字符串，则：若 A 或 B 为 BigInteger，将另一个转为 BigDecimal，然后依据其运算符执行运算；否则，将二者都转为 double，然后依据其运算符执行运算。

（4）若 A 或 B 为 BigInteger，将另一个也转为 BigInteger，则：若运算符为“＋”，回传 A. add(B)；若运算符为“－”，回传 A. subtract(B)；若运算符为“*”，回传 A. multiply(B)；否则，将 A 和 B 都转为 long，然后依据其运算符执行运算。

（5）若运算结果产生异常，则运算错误。

（二）A{/，div}B

（1）若 A 和 B 为 null，回传（long）0。

（2）若 A 或 B 为 BigDecimal 或 BigInteger，二者都转为 BigDecimal，然后回传 A. divide(B. BigDecimal. ROUND_HALF_UP)；否则，将 A 和 B 都转为 double，然后依据其运算符执行运算。

（3）若运算结果产生异常，则运算错误。

（三）A{%，mod}B

（1）若 A 和 B 为 null，回传（long）0。

（2）若 A 或 B 为 BigDecimal、float、double，或包含 e/E 的字符串，二者都转为 double，然后依据其运算符执行运算。

（3）若 A 或 B 为 BigInteger，将另一个也转为 BigInteger，则回传 A. remainder(B)；否则，将 A 和 B 都转为 long，然后依据其运算符执行运算。

(4)若运算结果产生异常,则运算错误。

(四)—A

(1)若 A 为 null,回传(long)0。

(2)若 A 为 BigDecimal 或 BigInteger,回传 A. negate()。

(3)若 A 为 String,则:若 A 包含 e/E,将 A 转为 double,然后依据其运算符执行运算;否则,将 A 转为 long,然后依据其运算符执行运算。若运算结果产生异常,则运算错误。

(4)若 A 为 byte、short、int、long、float 或 double,则直接依据其原本类型执行运算;若运算结果产生异常,则运算错误。

(5)否则,运算错误。

注意:在 Tomcat 上的 jsp-examples 中,有一个 EL 算术运算符的范例"basic-arithmetic. jsp"。

二、关系运算符

关系运算符包括:>或者 gt,例如 ${8>9}或者 ${8 gt 9};>=或者 ge,例如 ${45>=9}或者 ${45 ge 9};<或者 lt,例如 ${4<9}或者 ${4 lt 9};<=或者 le,例如 ${9<=8}或者 ${9 le 8 };==或者 eq,例如 ${4==4}或者 ${4 eq 4 };!=或者 ne,例如 ${4!=3}或者 ${4 ne 3 }。

注意:在使用 EL 关系运算符时,不能写成 ${param. password1} == ${param. password2} 或者 ${ ${param. password1 } == ${ param. password2 } },而应写成 ${param. password1==param. password2}。

(一)A{<,>,<=,>=,lt,gt,le,ge}B

(1)若 A==B,运算符为<=、le、>=、ge,回传 true,否则回传 false;

(2)若 A 或 B 为 null,回传 false;

(3)若 A 或 B 为 BigDecimal,将另一个也转为 BigDecimal,然后回传 A. compareTo(B)的值;

(4)若 A 或 B 为 float、double,将二者都转为 double,然后依据其运算符执行运算;

(5)若 A 或 B 为 BigInteger,将另一个也转为 BigInteger,然后回传 A. compareTo(B)的值;

(6)若 A 或 B 为 byte、short、char、int、long,将二者都转为 long,然后依据其运算符执行运算;

(7)若 A 或 B 为 String,将另一个也转为 String,然后进行词汇上的比较;

(8)否则,运算错误。

(二)A{==,!=,eq,ne}B

(1)若 A==B,依据其运算符执行运算。

(2)若 A 或 B 为 null,运算符为==或 eq,则回传 false;运算符为!=或 ne,则回传 true。

(3)若 A 或 B 为 BigDecimal,将另一个也转为 BigDecimal,则:

①若运算符为==或 eq,回传 A. equals(B);

②若运算符为!=或 ne,回传!A. equals(B)。

(4)若 A 或 B 为 float、double,将二者都转为 double,然后依据其运算符执行运算。

(5)若 A 或 B 为 BigInteger,将另一个也转为 BigInteger,则:

①若运算符为==或 eq,回传 A. equals(B);

②若运算符为!=或 ne,回传! A. equals(B)。

(6)若 A 或 B 为 byte、short、char、int、long,将二者都转为 long,然后依据其运算符执行运算。

(7)若 A 或 B 为 boolean,将另一个也转为 boolean,然后依据其运算符执行运算。

(8)若 A 或 B 为 String,将另一个也转为 String,然后进行词汇上的比较。

(9)否则,若 A. equals(B)产生异常,则运算错误。

(10)否则,依据其运算符执行运算,回传 A. equals(B)。

注意:在 Tomcat 上的 jsp-examples 中,有一个 EL 关系运算符的范例“basic-comparisons.jsp”。

三、逻辑运算符

逻辑运算符包括 && 或者 and,例如 ${false&&false}或者 ${false and false };|| 或者 or,例如 ${true || false}或者 ${true or false };! 或者 not,例如 ${! true}(相当于 ${false})或者 ${not true }。

EL 逻辑运算符的规则如下:

(1)A{&& 或 and,|| 或 or}B:将 A 和 B 转为 boolean,然后依据其运算符执行运算。

(2){!,not}A:将 A 转为 boolean,然后依据其运算符执行运算。

示例:

```
<body>
    1、算术运算符<br>
    字符串:${"字符串"} <br>
    数值型:${123.123 + 456.456} <br>
     ${123.123 - 456.456} <br>
     ${123.123 * 456.456} <br>
     ${123.123/456.456} <br>
     ${true}<br>

    2、关系运算符
    ${3> = 2 or 2> = 1}<br>
    ${3> = 2}<br>

    3、逻辑运算符
    ${param.month = = 7 and param.day = = 14}<br>
    ${param.month = = 7 || param.day = = 10}<br>
    ${not param.choice}<br>
```

```
    4、其他运算符<br>
    ${3>=2 or 2>=1}<br>
    ${not empty c}<br>
    ${not true}<br>
</body>
```

逻辑运行符示例代码的运行结果如图 4-1 所示。

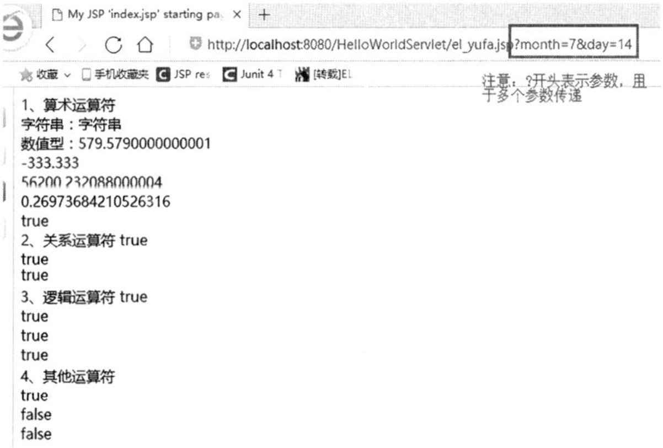

图 4-1　逻辑运算符示例代码的运行结果

四、其他运算符

(一)Empty 运算符

Empty 运算符主要用于判断值是否为 null 或空。

语法格式：${empty param.name}。

以{empty} A 为例，说明 Empty 运算符的使用规则：

(1)若 A 为 null，回传 true；

(2)否则，若 A 为空 String，回传 true；

(3)否则，若 A 为空 Array，回传 true；

(4)否则，若 A 为空 Map，回传 true；

(5)否则，若 A 为空 Collection，回传 true；

(6)否则，回传 false。

(二)条件运算符

条件运算符为${A? B:C}，即当 A 为 true 时，执行 B；而当 A 为 false 时，则执行 C。

(三)括号运算符

括号运算符主要用于改变执行的优先权，例如${A*(B+C)}。

运算符的优先权如下(由高至低)：

(1)[]、.；

(2)()；

(3)－(负号)、not、!、empty;
(4) * 、/、div、%、mod;
(5)＋、－(减号);
(6)<、>、<=、>=、lt、gt、le、ge;
(7)==、! =、eq、ne;
(8)&&、and、‖、or。

第三节　数据访问

一、对象的作用域

(1)当使用 EL 表达式时,默认以一定顺序搜索 4 个作用域,将最先找到的变量值显示出来。如果有 ${username}这样的正则表达式,它会去依次调用 pageContext、request、session 和 application,只要找到某一个不为空的值就立刻返回。

(2)EL 表达式的内置对象如下:

pageContext:当前页的 pageContext 对象。

pageScope:把 page 作用域中的数据映射为一个 Map 对象。

requestScope:把 request 作用域中的数据映射为一个 Map 对象。

sessionScope:把 session 作用域中的数据映射为一个 Map 对象。

applicationScope:把 application 作用域中的数据映射为一个 Map 对象。

param:对应 request. getParameter()。

paramValues:对应 request. getParameterValues()。

header:对应 request. getHeader()。

headerValues:对应 request. getHeaderValues()。

cookie:对应 request. getCookies()。

initParam:对应 ServletContext. getInitParamter()。

说明:

①${pageContext. request. contextPath}返回的是 request. getContextPath()的值,它通常被用于拼接 JSP 的绝对路径。

②pageScope、requestScope、sessionScope 和 appliationScope 都可以被看作 Map 型变量,调用其中的数据可以采用 ${pageScope. name}或 ${pageScope["name"]}的形式,这 2 种写法是等价的。

在某些情况下,只能使用 ${pageScope["content-type"]},不能写成 ${pageScope. content-type},否则会由于 JSP 无法解析连字符(-)而出现错误。

③ServletContext. getInitParamter()是指应用的初始参数,这些参数都定义在 web. xml 中。配置的方式与第三章中 Servlet 初始化参数的写法相同,此处不再举例说明。

④在 JSP 页面上可以通过 ${initParam. username}获得初始化参数的值。

二、访问 JavaBean

在实际开发过程中，Servlet 通常被用于处理业务逻辑。由 Servlet 来实例化 JavaBean，再在指定的 JSP 程序中显示 JavaBean 的内容。使用 EL 表达式可以访问 JavaBean，基本语法的格式有 2 种：

(1)采用“对象．属性”的方式访问：${bean.property}。

(2)采用“对象[‘属性’]”的方式访问：${bean["property"]}。

bean 表示 JavaBean 实例对象的名称，property 表示该 JavaBean 的某一个属性。使用 EL 表达式可以清晰、简洁地显示 JavaBean 的内容。下面通过一个例子来介绍在 JSP 中如何用 EL 表达式展示 JavaBean 的内容。

先定义 JavaBean，再在 entity 包中定义 Animal.java 类，代码如下：

```
public class Animal {

  private String aname;
  private int anage;

  public String getAname() {
     return aname;
  }

  public void setAname(String aname) {
     this.aname = aname;
  }

  public int getAnage() {
     return anage;
  }

  public void setAnage(int anage) {
     this.anage = anage;
  }

  public Animal() {
  }
}
```

先在 JavaBean 中定义 2 个属性，即 aname 和 anage，分别表示动物的姓名和年龄，然后在 showAnimal.jsp 文件中设置 JavaBean 的属性。在 JSP 中先创建一个 Animal 的实例 myanimal，然后设置 myanimal 的属性值，再将该对象放入 request 作用域中，最后取出 myanimal 对象，将其属性显示出来，代码如下：

```
<body>
  <h1>使用 EL 表达式访问 JavaBean</h1>
  <hr>
  <%
      Animal myanimal  = new Animal();
      myanimal.setAname("小小");
      myanimal.setAnage(3);
      session.setAttribute("myanimal",myanimal);
  %>

  <h4>动物的姓名是：${myanimal.aname}</h4>
  <h4>动物的年龄是：${myanimal.anage}</h4>
</body>
```

使用 EL 表达式访问 JavaBean 的结果如图 4-2 所示。

注意：(1)实体类要声明无参的构造函数；

(2)实体类的私有属性要提供 get()、set()方法。

图 4-2 使用 EL 表达式访问 JavaBean 的结果

三、访问集合

在 EL 表达式中，同样可以获取集合的数据，这些集合可能是 Vector、List、Map 和数组等。可以在 JSP 中获取这些对象，继而显示其中的内容，其语法格式如下：

```
${collection[序号]}  // 例如${books[0]}，表示集合 books 中下标为 0 的元素
```

上述表示的是一维集合，如数组、List 等。若操作的集合为二维集合，如 HashMap(它的值是 key 和 value 值对的形式)，则值(value)可以这样显示：

```
${collection.key}    // 例如${books[0].bname}
```

示例：

在 entity 中创建一个 Student 类，代码如下：

```
public class Student {
  private int sid;
  private String sname;
```

```
private float sscore;

public int getSid() {
    return sid;
}

public void setSid(int sid) {
    this.sid = sid;
}

public String getSname() {
    return sname;
}

public void setSname(String sname) {
    this.sname = sname;
}

public float getSscore() {
    return sscore;
}

public void setSscore(float sscore) {
    this.sscore = sscore;
}

public Student(int sid, String sname, float sscore) {
    super();
    this.sid = sid;
    this.sname = sname;
    this.sscore = sscore;
}

public Student() {

}

@Override
public String toString() {
```

```
        return "Student [sid=" + sid + ", sname=" + sname + ", sscore=" +
sscore + "]";
    }

}
```

创建 JSP 页面，代码如下：

```
<body>
  <%
        Student stu1 = new Student(1,"aaa",99.9f);
        Student stu2 = new Student(2,"bbb",89.9f);
        Student stu3 = new Student(3,"ccc",79.9f);
        Student stu4 = new Student(4,"ddd",69.9f);

        ArrayList<Student> list = new ArrayList<Student>();
        list.add(stu1);
        list.add(stu2);
        list.add(stu3);
        list.add(stu4);

        HashMap<String,Student> map =
                        new HashMap<String,Student>();
        map.put("s1", stu1);
        map.put("s2", stu2);
        map.put("s3", stu3);
        map.put("s4", stu4);

        HashMap<Long,Student> map2 =
                        new HashMap<Long,Student>();
        map2.put(1001l, stu1);
        map2.put(1002l, stu2);
        map2.put(1003l, stu3);
        map2.put(1004l, stu4);

        pageContext.setAttribute("stu1", stu1);
        pageContext.setAttribute("list", list);
        pageContext.setAttribute("map", map);
```

```
    pageContext.setAttribute("map2", map2);
%>

1、自定义类型<br>
访问方式一：${pageScope.stu1.sname }<br>
访问方式二：${pageScope.stu1["sname"] }<br>

2、自定义类型的 list 数组<br>
访问方式一：${pageScope.list[1].sname }<br>
访问方式二：${pageScope.list[1]["sname"] }<br>

3、自定义类型的 map 数组<br>
访问方式一：${pageScope.map["s3"].sname }<br>
访问方式二：${pageScope.map["s3"]["sname"] }<br>
访问方式一：${pageScope.map2[1002].sname }<br>
访问方式二：${pageScope.map2[1002]["sname"] }<br>

</body>
```

集合访问程序的结果如图 4-3 所示。

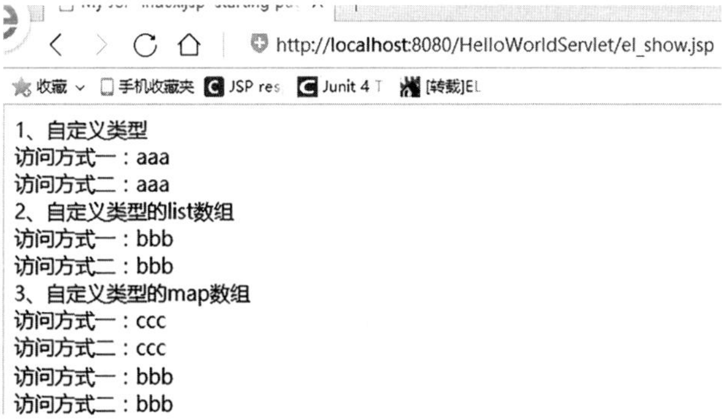

图 4-3　集合访问程序的结果

四、其他隐含对象

(1)需要注意的是，${paramValues. name}得到的是一个字符串数组，如果需要获得其中的某个值，还需要使用{paramValues. name[0]}指定数组中的索引，这与${headerValues. name}是相似的。

(2) ${header. name}会获取 HTTP 请求中的 Header 参数，在现实工作中很少用到这里的数据。

(3) ${cookie. name}将获取对应 Cookie 的对象，如用 JSP 将一段 Cookie 发送给客户端：创建一个名称为“username”、值为“admin in cookie”的 Cookie 对象，将其发送给客户端，然后在 JSP 上通过 EL 表达式获取 Cookie 对象。

```
  @Override
  protected void doGet(HttpServletRequest request,
         HttpServletResponse response) throws
ServletException, IOException {
       Cookie cookie = new Cookie("username","admin in cookie");
       response.addCookie(cookie);
       response.sendRedirect("el_yufa.jsp");
  }
<body>
  获得这个 cookie: ${cookie.username}<br>
  获得 cookie 名称: ${cookie.username.name}<br>
  获得 cookie 值 ${cookie.username.value}
</body>
```

Cookie 对象的输出结果如图 4-4 所示。

图 4-4 Cookie 对象的输出结果

第四节 认识 JSTL

(1)JSTL 是 Apache 对 EL 表达式的扩展，是一种标签语言。JSTL 标签使用起来非常方便，它与 JSP 动作标签一样，但它不是 JSP 内置的标签，用户需要自己导入指定的标签库。

(2)如果使用 MyEclipse 来开发 Java Web，那么在把项目发布到 Tomcat 时会发现，MyEclipse 会在 lib 目录下存放 JSTL 的 jar 包；如果没有使用 MyEclipse 开发，那么需要导入 JSTL 的 jar 包，即 jstl-1.2.jar。

(3)使用时，需要在 JSP 上导入 JSTL，代码如下：

```
<!--导入 jstl 标签前缀使用 c -->
<%@ taglib uri="http://java.sun.com/jsp/jstl/core" prefix="c" %>
```

prefix="c"：指定标签库的前缀，前缀可以被随便赋值，但通常在使用 core 标签库时指定前缀为“c”。

uri="http://java.sun.com/jsp/jstl/core"：指定标签库的 URI，它不一定是真实存在的

网址，但它可以让 JSP 找到标签库的描述文件。

(4)JSTL 的运行原理如图 4-5 所示。

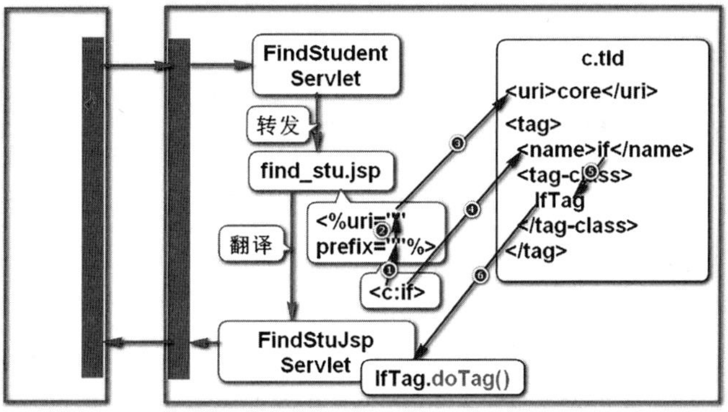

图 4-5　JSTL 的运行原理

第五节　核心标签库

一、标签库介绍

JSTL 一共包含 4 大标签库：核心标签库(core)、XML 标签库、国际化标签库(fmt)和函数标签库(functions)。其中，核心标签库的标签从功能上可以分为 4 类：表达式控制标签、URL 操作标签、流程控制标签和循环标签。

二、表达式控制标签

(一)out 标签

out 标签见表 4-1。

表 4-1　out 标签

使用	输出
<c:out value="aaa"/>	输出 aaa 字符串常量
<c:out value="${aaa}"/>	与 ${aaa}相同
<c:out value="${aaa}" default="xxx"/>	当 ${aaa}不存在时，输出 xxx 字符串
<% request.setAttribute("a", "<script>alert('hello');</script>"); %> <c:out value="${a}" default="xxx" escapeXml="false" />	当 escapeXml 为 false 时，不会转换“<”和“>”，这可能会受到 JavaScript 的攻击

示例：

```
<body>
    1 out 标签<br>
    <c:out value="aaa"/><br>
    <%
     pageContext.setAttribute("b", "bbb");
     %>

     <!-- jstl 允许和 EL 结合使用 -->
    <c:out value="${b}"/><br>

    <!-- c:out 类似于 out.print(),对于输出含有 html 标签的内容不能识别
escapeXml="false" 可以识别 html 标签 -->
    <c:out value="aaa<br>ccc" escapeXml="false"/><br>
</body>
```

out 标签示例代码的运行结果如图 4-6 所示。

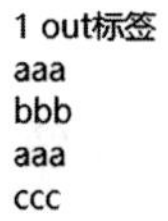

图 4-6　out 标签示例代码的运行结果

(二)set 标签

set 标签见表 4-2。

表 4-2　set 标签

使用	输出
<c:set var="a" value="hello"/>	在 pageContext 中添加 name 为"a"、value 为"hello"的数据
<c:set var="a" value="hello" scope="session"/>	在 session 中添加 name 为"a"、value 为"hello"的数据

示例:

```
<body>
    2 set 标签 设值 改值<br>
    <!-- page < request < session <appliaction -->
    <c:set var="c" value="ccc" scope="page"/>
    ${c}<br>

    <!-- 修改实体类中的属性值 -->
    <%
        Student student = new Student(1001,"aly",60.0f);
        pageContext.setAttribute("student", student);
```

```
    %>
    ${student }<br>

  <c:set property="sname" target="${student }"
  value="aly2"/>

   ${student }<br>
</body>
```

set 标签示例代码的运行结果如图 4-7 所示。

2 set标签 设值 改值
ccc
Student [sid=1001, sname=aly, sscore=60.0]
Student [sid=1001, sname=aly2, sscore=60.0]

图 4-7　set 标签示例代码的运行结果

(三)remove 标签

remove 标签见表 4-3。

表 4-3　remove 标签

使用	输出

<%
pageContext.setAttribute("a","pageContext");
request.setAttribute("a","session");
session.setAttribute("a","session");
application.setAttribute("a","application");
%>
<c: remove var="a"/>
	删除所有作用域中 name 为“a”的数据

<c:remove var="a" scope="page"/>	删除 pageContext 中 name 为“a”的数据

示例：

```
3 remove 标签 删除作用域中的属性
<c:remove var="c"/>
${c }<br>
```

(四)catch 标签

代表出错处理的示例：

```
4 catch 标签 代表出错处理
<c:catch var="ex">
```

```
  <!-- 相当于 java 的 try 块 -->
  <%
      int i = 1/0;
  %>
</c:catch>

${ex.message }<!-- 显示错误信息-->
```

上述代码的运行结果为"4 catch 标签 代表出错处理 / by zero"。

三、URL 操作标签

(一)import 标签

动态导入部分网页的示例:

```
1 import 动态导入网页<br>
  <div style = " position: absolute; left: 40 % ; top: 10 % ; width: 200px;
height: 150px">

      <c:import url = "http://www.baidu.com"></c:import>
  </div>
```

动态导入部分网页的结果如图 4-8 所示。

图 4-8 动态导入部分网页的结果

说明:百度页面乱码是由于双方服务器编码不一致造成的。

(二)redirect 标签

重定向网页地址的代码有 2 种写法。

语法 1:

```
<c:redirect url = "http://www.baidu.com">
  <c:param name = "username" value = "htl"></c:param>
</c:redirect>
```

语法 2：

```
<c:set var = "url" value = "http://www.baidu.com"></c:set><c:redirect
url = " ${url }"></c:redirect>
```

2 种写法代码的运行结果和 response 的重定向一样。

四、流程控制标签

(一)if 标签

if 标签的 test 属性必须是一个 boolean 类型的值。如果 test 的值为 true，那么就执行 if 标签的内容，否则不执行。

示例：

```
1 if
  <br>
  <c:if test = " ${3>2 }" var = "result"></c:if>
  ${result }
  <br>

  <!-- 页面输入 username -->
  <c:if test = " ${not empty param.username }" var = "username"></c:if>
  ${param.username}
```

在浏览器中输入“http://localhost:8080/HelloWorldServlet/liuzhuan,jsp?username=admin”，可得到如图 4-9 所示的运行结果。

图 4-9 if 标签示例代码的运行结果

(二)choose 标签

choose 标签对应 Java 中的 if/else if/else 结构。当 when 标签的 test 为 true 时，会执行 when 标签的内容；只有当所有 when 标签的 test 都为 false 时，才会执行 otherwise 标签的内容。

示例：

```
2 choose + when + otherwise:相当于 switch
  <br>
```

```
<c:choose>
    <c:when test = "${param.day == 1}">痛苦才刚刚开始</c:when>
    <c:when test = "${param.day == 5}">痛苦才准备结束</c:when>
    <c:otherwise>其他</c:otherwise>
</c:choose>
```

沿用图 4-9 的链接，choose 标签示例代码的运行结果如图 4-10 所示。

2 choose+when+otherwise：相当于switch
其他

图 4-10 choose 标签示例代码的运行结果

五、循环标签

(一) forEach 标签

forEach 标签有 2 种使用方式：

(1)使用循环变量：指定开始值和结束值，类似于 for(int i = 1; i <= 10; i++){}。

(2)循环遍历集合：类似于 for(Object o : 集合)。

示例 1：

```
1 forEach:相当于 for
  <br>
  <!-- 增强 for -->
  <!-- 遍历数组中的所有学生 -->
  <%
      Student stu1 = new Student(1, "aaa", 99.9f);
      Student stu2 = new Student(2, "bbb", 89.9f);
      Student stu3 = new Student(3, "ccc", 79.9f);
      Student stu4 = new Student(4, "ddd", 69.9f);

      ArrayList<Student> list = new ArrayList<Student>();
      list.add(stu1);
      list.add(stu2);
      list.add(stu3);
      list.add(stu4);

      pageContext.setAttribute("list", list);
  %>
  <table border = "1">
      <tr>
          <th>姓名</th>
```

```
            <th>分数</th>
        </tr>
        <c:forEach var = "stu" items = " ${list }">
            <tr>
                <td> ${stu.sname }</td>
                <td> ${stu.sscore }</td>
            </tr>
        </c:forEach>
    </table>


    <! -- 普通 for:1 加到 100 的和 -->
    <c:set var = "sum" value = "0"></c:set>
    <c:forEach begin = "1" end = "100" step = "1" var = "i">
        <c:set var = "sum" value = " ${sum + i }"/>
    </c:forEach><br>  1 加到 100 的和: ${sum }<br>
```

forEach 标签示例 1 代码的运行结果如图 4-11 所示。

1 forEach:相当于for

姓名	分数
aaa	99.9
bbb	89.9
ccc	79.9
ddd	69.9

1加到100的和：5050

图 4-11 forEach 标签示例 1 代码的运行结果

forEach 标签还有一个属性 varStatus，这个属性用于指定接收“循环状态”的变量名，例如<forEach varStatus = "stauts" …/>，这时就可以使用 stauts 这个变量来获取循环状态了。

stauts 变量的说明如下：

count：int 类型，当前已遍历元素的个数。

index：int 类型，当前元素的下标。

first：boolean 类型，是否为第一个元素。

last：boolean 类型，是否为最后一个元素。

current：Object 类型，表示当前项目。

示例 2：

```
<c:forEach var = "item" items = " ${list}" varStatus = "status">
<c:if test = " ${status.first }">第一行:</c:if>
<c:if test = " ${status.last }">最后一行:</c:if>
<c:out value = "第 ${status.count }行: "/>
<c:out value = "[ ${status.index }]: "/>
<c:out value = "name:  ${status.current }"/><br/>
</c:forEach>
```

forEach 标签示例 2 代码的运行结果如图 4-12 所示。

第一行： 第1行: [0]: name: Student [sid=1, sname=aaa, sscore=99.9]
第2行: [1]: name: Student [sid=2, sname=bbb, sscore=89.9]
第3行: [2]: name: Student [sid=3, sname=ccc, sscore=79.9]
最后一行： 第4行: [3]: name: Student [sid=4, sname=ddd, sscore=69.9]

图 4-12 forEach 标签示例 2 代码的运行结果

(二)forTokens 标签

forTokens 标签可用于将字符串按固定字符进行切割。

示例:

```
2 forTokenks 切割方法<br>
  <c:forTokens items = "aaa,bbb,ccc,ddd" delims = "," var = "f">
      $ {f }<br>
  </c:forTokens>
```

图 4-13 forTokens 标签示例代码的运行结果

forTokens 标签示例代码的运行结果如图 4-13 所示 。

六、其他隐含对象

JSTL 定义了一系列的隐含对象,见表 4-4。

表 4-4 JSTL 定义的隐含对象

隐含对象	说明
pageContext	指 JSP 的 pageContext 对象
pageScope	一个 Map 对象,包括 page 范围内的属性和值
requestScope	一个 Map 对象,包括 request 范围内的属性和值
sessionScope	一个 Map 对象,包括 session 范围内的属性和值
applicationScope	一个 Map 对象,包括 application 范围内的属性和值
param	一个 Map 对象,包括 Web 请求参数(request parameter)的字符串值,对应 ServletRequest. getParameter(String)
paramValues	一个 Map 对象,包括 Web 请求参数的多个字符串值,对应 ServletRequest. getParameterValues(String)
header	一个 Map 对象,包括请求的头信息值,对应 ServletRequest. getHeader(String)
headerValues	一个 Map 对象,包括请求的头信息的多个值,对应 ServletRequest. getHeaders(String)
cookie	一个 Map 对象,包括对应名称的 Cookie,对应 HttpServletRequest. getCookie(String)
initParam	一个 Map 对象,包括一个 Web 程序的初始化参数值,对应 ServletRequest. getInitParameter(String)

第六节 其他标签库

一、XML 标签库

JSTL 提供了操作 XML 文件的标签库。使用 XML 标签库可以省去使用 Dom 和 SAX 标签库的烦琐,能轻松地读取 XML 文件的内容。

（一）分类

XML 标签库的分类见表 4-5。

表 4-5 XML 标签库的分类

功能	标签
核心操作	parse、out、set
流程控制	if、choose+when+otherwise、forEach
文件转换	transform、param

（二）XML 核心操作标签

1. <x:parse>标签

<x:parse>标签用于解析指定的 XML 文件，语法有 2 种：

```
<x:parse doc = "xmlDocument"
  var = "name" scope = "page|request|session|application"
  varDom = "name" scope = "page|request|session|application"
  systemId = "systemId" filter = "filter"
/>
```

```
<x:parse
  var = "name" scope = "page|request|session|application"
  varDom = "name" scope = "page|request|session|application"
  systemId = "systemId" filter = "filter">
    xmlDocument
</x:parse>
```

<x:parse>标签的属性说明见表 4-6。

表 4-6 <x:parse>标签的属性说明

属性名	说明	类型	必需
doc	指定解析的 XML 文件	String/Reader	是
var	存储解析后的 XML 文件	String	否
scope	指定 var 的 JSP 范围	String	否
varDom	以 org. w3c. dom. Doucement 类型存储解析的 XML 文件	String	否
scopeDom	指定 varDom 的 JSP 范围	String	否
systemId	XML 文件的 URL	String	否
filter	解析 XML 文件的过滤器	Org. xml. sax. Filter	否

注意：doc 指定解析的 XML 文件，不是指定 XML 文件的路径，而是与<c:import>共同使用 XML 文件，由<c:import>进行加载并存储，然后使用<x:parse>进行解析。

例如，解析 person. xml 文件需要通过如下代码实现：

```
<! --引入 person. xml 文件-->
    <c:import var = "doc2User" url = "user. xml"/>
    <x:parse var = "doc" doc = " ${doc2User}"/>
```

<c:import>语句:用于导入或存储文件到 JSP。如果不使用 var 进行存储,XML 文件将显式地出现在 JSP 文件中。

<x:parse>标签:只用于解析 XML 文件,而不显示 XML 文件中的内容。如果想得到 XML 的节点元素或值,需要通过<x:out>元素来实现。

2. <x:out>标签

<x:out>标签主要用于输出 XML 的信息。语法如下：

```
<x:out select = "XpathExperssion" [excapeXml = "true|false"]>
```

<x:out>标签的属性说明见表 4-7。

表 4-7　<x:out>标签的属性说明

属性名	说明	类型	必需
select	指定使用的 XPath 语句	String	是
escapeXml	是否转换特殊字符,如"<"等	boolean	是

注意:使用 XPath 语句需要用到 xalan. jar 支持包,xalan. jar 支持包可以从示例程序的 lib 中获取,或者直接从 MyEclipse 中找到。

3. <x:set>标签

<x:set>标签用于将从 XML 文件节点解析的内容存储到 JSP 的属性范围中。语法如下：

```
  <x:set select = "XPathExperssion" var = "name"
scope = "page|request|session|application">
```

参数说明：

①select 通过指定的 XPath 表达式语句获取节点的值；

②var 指定用于存储值的变量名；

③scope 指定 var 的 JSP 属性范围。

(三)XML 流程控制标签

使用 XML 标签库的流程控制标签可以迭代处理 XML 文件的内容,流程控制包括 2 个方面的内容。

1. 条件判断

(1)<x:if>标签：

语法 1:未含有本体内容。

```
  <x:if select = "XPathExperssion" var = "name"
scope = "page|request|session|application"/>
```

语法 2:含有本体内容。

```
  <x:if select = "XPathExperssion" var = "name"
scope = "page|request|session|application">
 内容
 </x:if>
```

语法 1 只把根据条件表达式得到的结果存储在 JSP 范围中;语法 2 根据<x:if>标签条件表达式的结果,决定是否执行本体内的代码。

参数说明:

①select 用于指定使用的 XPathExperssion 表达式;

②var 设定标量名,用于存储表达式的结果;

③scope 指定 var 存储的 JSP 的属性范围。

(2)<x:choose>、<x:when>和<x:otherwise>标签:它们的作用与核心标签库的<c:choose>、<c:when>和<c:otherwise>标签的作用相似,只是使用<x:choose>、<x:when>和<x:otherwise>标签时的条件表达式不同。其中,只有<x:when>标签有属性。

语法如下:

```
<x:choose>
    <x:when select = "XPathExperssion">
    <x:when select = "XPathExperssion">
    <x:otherwise>
</x:choose>
```

2. 循环遍历

<x:forEach>标签:实现了对 XML 文档的遍历。语法如下:

```
  <x:forEach select = "XPathExperssion" var = "name"
varStartus = "StartusName" begin = "begin" end = "end" step = "step">
       //标签主体
</x:forEach>
```

<x:forEach>标签的属性说明见表 4-8。

表 4-8 <x:forEach>标签的属性说明

属性名	说明	类型	必需
select	指定使用的 XPath 语句	String	是
var	用于存储表达式的结果	String	否
varStatus	用于存放循环中的变量信息	String	否
begin	循环的起始位置	int	否
end	循环的终止位置	int	否

(四)XML 文件转换标签

<x:transform>和<x:param>标签能轻易使用 XSLT 样式包装 XML 文件,成为另一种显示方式。

1. <x:transform>标签

使用该标签可以轻松地实现 XML 到 XSLT 的转换。

语法 1:

```
  <x:transform doc = "xmldoc" xslt = "XSLTStytlesheet"
docSystemId = "xmlsystemid"
  result = "result" var = "name" scope = "scopeName"
xsltSystemId = "xsltsystemid"/>
```

语法 2:

```
  <x:transform doc = "xmldoc" xslt = "XSLTStytlesheet"
docSystemId = "xmlsystemid"
    result = "result" var = "name" scope = "scopeName"
xsltSystemId = "xsltsystemid">
    Xml 文件内容
    <x:param/>
</x:transform>
```

语法 3:

```
  <x:transform doc = "xmldoc" xslt = "XSLTStytlesheet"
docSystemId = "xmlsystemid"
  result = "result" var = "name" scope = "scopeName"
xsltSystemId = "xsltsystemid">
      <x:param/>
</x:transform>
```

<x:transform>标签的属性说明见表 4-9。

表 4-9 <x:transform>标签的属性说明

属性名	说明	类型	必需
doc	指定 XML 文件的来源	String	是
xslt	转换 XML 的样式模板	String	是
docSystemId	XML 文件的 URI	String	否
xsltSystemId	XSLT 文件的 URI	String	否
result	用于存储转换后的结果对象	java. xml. tranform	是
var	以 org. w3c. dom. Document 类型存储转换后的结果	String	否
scope	var 的属性范围	String	否

2. <x:param>标签

该标签用于为<x:transform>标签转换参数。

语法 1：

```
<x:param name = "name" value = "value"/>
```

语法 2：

```
<x:param name = "name" value = "value">
  value
</x:param>
```

参数说明：

①name 指定参数的名称；

②value 指定参数的值。

二、国际化标签库

在实际开发中，团队合作是非常重要的。通过使用 EL 表达式和 JSTL 标签库，可以提高代码的可读性和一致性，方便团队成员之间的协作。特别是在实现国际化时，通过使用资源文件中的 key 来代替硬编码，可以使页面动态地呈现不同的语言。

使用资源文件中的 key 时，每个 JSP 页面需要如下代码：

```
<%@ taglib uri = "http://java. sun. com/jsp/jstl/fmt" prefix = "fmt" %>
```

(1)<fmt:setLocale>和<fmt:formatDate>：前者用于设定用户所在的区域，后者用于对日期进行格式化。代码如下：

```
<body>
  <%
```

```
    pageContext.setAttribute("date", new Date());
  %>
  中文日期:
  <fmt:setLocale value = "zh_CN" />
  <fmt:formatDate value = " $ {date }" />
  <hr />
  英文日期:
  <fmt:setLocale value = "en_US" />
  <fmt:formatDate value = " $ {date }" />
</body>
```

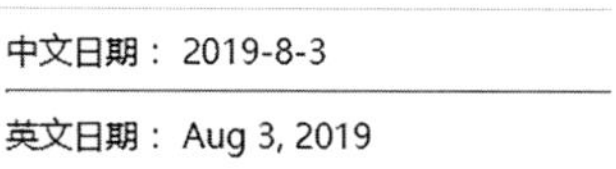

图 4-14 日期格式化的结果

日期格式化的结果如图 4-14 所示。

(2)<fmt:formatDate>:用于对日期进行格式化。代码如下:

```
<body>
  <! -- value:数值 ; type:数值类型; pattern:格式 -->
  <%
      Date date = new Date();
      pageContext.setAttribute("date",date);
  %>
  <fmt:formatDate value = " $ {date }" pattern = "yyyy - MM - dd HH:mm:ss" />
  <hr />
  <fmt:formatDate value = " $ {date }" pattern = "yyyy - MM - dd" />
</body>
```

图 4-15 时间格式化的结果

时间格式化的结果如图 4-15 所示。

(3)<fmt:requestEncoding>:用于设置所有的请求编码。代码如下:

```
<body>
  <fmt:requestEncoding value = "UTF - 8"/>
</body>
```

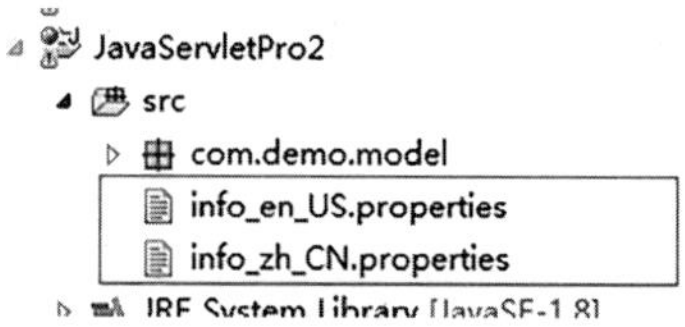

图 4-16 国际化资源的配置文件

(4)<fmt:bundle>和<fmt:message>:用于读取国际化资源。

国际化资源的配置文件如图 4-16 所示(注意:国际化资源在 src 的根目录下。)。国际化资源的内容如下:

①info_en_us. properties。

```
name = java xiaosheng
info = Current user{0}:Welcome to use our system
```

②info_zh_CN. properties。

```
name = java \u5C0F\u751F
info = \u5f53\u524d\u7528\u6237{0}:\u6b22\u8fce\u4f7f\u7528\u672c\
u7cfb\u7edf
```

代码如下：

```
<body>
  <fmt:setLocale value = "zh_CN" />
  <fmt:bundle basename = "info">
      <fmt:message key = "name" var = "userName" />
  </fmt:bundle>

  <h2>姓名:${userName }</h2>
  <fmt:bundle basename = "info">
      <fmt:message key = "info" var = "infomation">
          <fmt:param value = "<font color = 'red'>java 小生</font>"
          />
</fmt:message>
  </fmt:bundle>

  <h2>信息:${infomation }</h2>
  <hr />

  <fmt:setLocale value = "en_US" />
  <fmt:bundle basename = "info">
      <fmt:message key = "name" var = "userName" />
  </fmt:bundle>

  <h2>姓名:${userName }</h2>
  <fmt:bundle basename = "info">
      <fmt:message key = "info" var = "infomation">
          <fmt:param value = "<font color = 'red'>java 小生</font>"
          />
```

```
    </fmt:message>
  </fmt:bundle>

  <h2>信息：${infomation}</h2>
</body>
```

国际化引用的结果如图 4-17 所示。

姓名：java 小生

信息：当前用户java 小生:欢迎使用本系统

姓名：java xiaosheng

信息：Current userjava 小生:Welcome to use our system

图 4-17　国际化引用的结果

(5)<fmt:formatNumber>:用于格式化数字。代码如下：

```
<body>
  <!-- value:数值 ; type:数值类型; pattern:格式 -->
  <fmt:formatNumber value="12" type="currency" pattern="$.00"
  /><br>
  <fmt:formatNumber value="12" type="currency" pattern="$.0#"
  /><br>
  <fmt:formatNumber value="1234567890" type="currency" /><br>

  <fmt:formatNumber value="123456.7891" pattern="#,#00.0#"
/><br>
</body>
```

$12.00
$12.0
¥1,234,567,890.00
123456.79 ,

图 4-18　数字格式化的结果

数字格式化的结果如图 4-18 所示。

(6)<fmt:timeZone>:用于设置临时时区。代码如下：

```
<body>
  <%
     Date date = new Date();
     pageContext.setAttribute("date",date);
  %>

  当前时间：
  <fmt:formatDate value="${date}" pattern="yyyy-MM-dd
```

```
    HH:mm:ss" />
  <hr />

  格林尼治时间:
  <fmt:timeZone value="GMT">
    <fmt:formatDate value="${date}" pattern="yyyy-MM-dd
    HH:mm:ss" />
  </fmt:timeZone>
</body>
```

日期时间格式化的结果如图 4-19 所示。

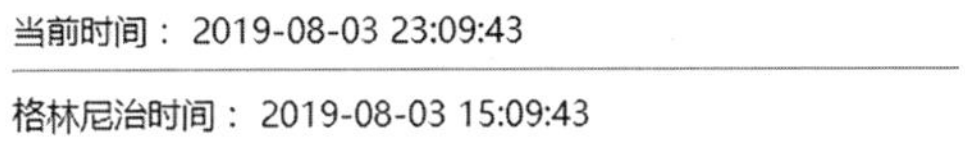

图 4-19 日期时间格式化的结果

三、数据库标签库

(一)JSTL 的功能

JSTL 提供与数据库相关操作的标签,可以直接从页面上实现对数据库进行操作的功能,在开发小型网站时可以很方便地实现数据的读取和操作。

(二)SQL 标签库的分类

SQL 标签库从功能上可以分为 2 类:设置数据源标签和 SQL 指令标签。

引入 SQL 标签库的指令代码为:

```
<%@ taglib prefix="sql" uri="http://java.sun.com/jsp/jstl/sql" %>
```

(三)配置数据源

使用<sql:setDataSource>标签可以实现对数据源的配置。

语法 1:直接使用已经存在的数据源。

```
<body>
  <sql:setDataSource dataSource="dataSource" var="name"
  scope="page|request|session|application"/>
</body>
```

语法 2:使用 JDBC 方式建立数据库的连接。

```
<body>
  <sql:setDataSource driver="driverClass" url="jdbcURL"
    user="username" password="pwd" var="name"
    scope="page|request|session|application" />
</body>
```

<sql:setDataSource>标签的属性说明见表 4-10。

表 4-10 <sql:setDataSource>标签的属性说明

属性名	说明	类型	必需
DataSource	数据源	String	否
driver	使用的 JDBC 驱动	String	否
url	连接数据库的路径	String	否
user	连接数据库的用户名	String	否
password	连接数据库的密码	String	是
var	指定存储数据源的变量名	String	否
scope	指定数据源存储的 JSP 范围	String	否

注意:属性是否必需是相对的。例如,如果使用数据源,那么 driver、url 等属性就不再被使用;如果使用 JDBC,那么就要用到 driver、url、user、password 等属性。

例如,连接 MySQL 时需要进行如下配置:

```
driver = com.mysql.jdbc.Driver
url = jdbc:mysql://127.0.0.1:3306/chinasofti
username = root
password = root
```

使用<fmt:setDataSource>配置的代码如下:

```
<fmt:setDataSource driver = "com.mysql.jdbc.Driver"
      url = "jdbc:mysql://127.0.0.1:3306/chinasofti"
      user = "root" password = "root">
</fmt:setDataSource>
```

如果连接其他数据库,只需修改相对应的项即可。

提示:可以把数据连接的配置存入 session 中,如果再用到数据库连接,只需配置使用的 DataSource 属性即可。

(四)SQL 指令标签

JSTL 提供了<sql:query>、<sql:update>、<sql:param>、<sql:dateParam>和<sql:transaction>5 个标签。通过使用 SQL 语言操作数据库,实现对数据的增加、删除、修改等操作。

1. <sql:query>标签

<sql:query>标签用于查询数据。

语法 1:

```
<body>
```

```
  <sql:query sql = "sqlQuery" var = "name"
      scope = "page|request|session|application" dataSource = "dataSource"
      maxRow = "maxRow" startRow = "starRow" />
</body>
```

语法 2：

```
<body>
  <sql:query var = "name" scope = "page|request|session|application"
      dataSource = "dataSource" maxRow = "maxRow" startRow = "starRow">
      sqlQuery
  </sql:query>
</body>
```

<sql:query>标签的属性说明见表 4-11。

表 4-11 <sql:query>标签的属性说明

属性名	说明	类型	必需
sql	查询数据的 SQL 语句	String	是
DataSource	数据源对象	String	否
maxRows	设定最多可以暂存数据的行数	String	否
startRow	设定从哪一行数据开始	String	否
var	指定存储查询结果的变量名	String	是
scope	指定结果的作用域	String	否

使用<sql:query>标签必须指定数据源，DataSource 属性是可选的。如果未给定该属性，<sql:query>会在 page 范围内查找是否设置过数据源；如果没有找到，将抛出异常。一般情况下，可使用<sql:setDataSource>标签设置一个数据源，并将其存储在 session 范围中。当需要与数据库连接时，可使用 DataSource 属性，并实现对数据库的操作。

<sql:query>的 var 属性是必需的，用于存放结果集，如果没有指定 scope 范围，则默认为 page，即在当前页面可以随时输出查询结果。结果集有一系列的属性，见表 4-12。

maxRows 属性和 startRow 属性用于操作结果集。使用 SQL 语句先把数据放入内存中，检查是否设置了 startRow 属性，如果设置了 startRow 属性，就从 startRow 行开始取 maxRows 个值；如果没有设定，则默认从第一行开始取 maxRows 个值。

表 4-12 结果集的属性说明

属性名	类型	说明
rowCount	int	用于统计结果集中的有效记录总数，可用于大批量数据的分页显示

续表 4-12

属性名	类型	说明
Rows	Java. util. Map	返回以字段为索引的查询结果
rowsByIndex	Object[]	返回以数字为索引的查询结果
columnNames	String[]	用于得到数据库的字段名称
limitedByMaxRows	boolean	用于判断是否设置了 maxRows 属性来限制查询记录的数量

注意：limitedByMaxRows 用于判断程序是否受到 maxRows 属性的限制。如果设定了 maxRows 属性，得到结果集的 limitedByMaxRows 的属性并不一定都为 true。当取出的结果集小于 maxRows 时，则 maxRows 没有对结果集起到作用，此时 limitedByMaxRows 的属性也为 false。例如，可以使用 startRow 属性限制结果集的数据量。结果集的作用就是定义数据在页面中的显示方式。

示例：配置数据库连接，并使用<sql:query>查询数据以及结果集的属性。

```
<body>
  <h3>SQL 标签库</h3>
  <hr>
  <sql:setDataSource
      driver = "com.mysql.jdbc.Driver"
      url = "jdbc:mysql://127.0.0.1:3306/tongda"
      user = "root" password = "123456" />
  <sql:query var = "result" sql = "select * from banner" maxRows = "2"
      startRow = "1" />
  结果集的实质是：${result}
  <br> 得到的行数为：${result.rowCount}
  <br> 是否受到了 maxRows 的限制：${result.limitedByMaxRows}
  <hr>
  <table border = "1" align = "center">
      <tr>
          <c:forEach var = "columnName" items = "${result.columnNames}">
              <td><c:out value = "${columnName}" /></td>
          </c:forEach>
      </tr>
      <c:forEach var = "row" items = "${result.rowsByIndex}">
          <tr>
              <c:forEach var = "column" items = "${row}">
                  <td><c:out value = "${column}" /></td>
              </c:forEach>
```

```
            </tr>
        </c:forEach>
    </table>
</body>
```

<sql:query>标签示例代码的运行结果如图 4-20 所示。

SQL标签库

结果集的实质是：org.apache.taglibs.standard.tag.common.sql.ResultImpl@55717a22
得到的行数为：2
是否受到了maxRows的限制：false

bid	bimg	burl
12	153752023656504896478-b7d2-42f0-8661-7694279c4c05.jpg	
15	15542527324815740a9f4-de28-45f0-8115-da9f741d4e83.jpg	www.baidu.com?test=1

图 4-20 <sql:query>标签示例代码的运行结果

代码解析：

(1)使用<sql:dataSource>标签配置数据源，数据源只供本页使用，因此存储在默认的 page 范围中。

(2)使用<sql:query>标签进行数据库查询，并定义 maxRows 和 startRow 的属性，将结果集存储在作用于 page 范围的 result 变量中。使用 ${result}输出结果集可以发现，结果集就是一个 ResultImpl 类。

提示：在进行数据源配置时，程序不会检查数据库连接的配置是否正确，而是直接根据设定的数据库连接访问。如果没有找到表，则抛出操作的表异常，因此数据库的连接要放在<c:catch></c:catch>中。同时，在编写程序时，一定要注意数据源的配置是否正确。

(3)使用结果集的 rowCount 属性得到记录的总量，代码如下：

```
${result.rowCount}
```

(4)使用结果集的 limitedByMaxRows 属性判断是否受到 maxRows 的影响，代码如下：

```
${result.limitedByMaxRows}
```

(5)从结果集中得到数据库定义的所有字段。${result.columnNames}得到的结果是一个字符串数组，因此需要使用<c:forEach>循环输出。代码如下：

```
<c:forEach var = "columnName" items = "${result.columnNames}">
        <c:out value = "${columnName}"/>
    </c:forEach>
```

(6)要从结果集中得到所有的值，需先遍历每一行，然后遍历每一行中的元素，因此需要循环嵌套。代码如下：

```
<c:forEach var = "columnName" items = " ${result.columnNames}">
    <c:out value = " ${columnName}"/>
</c:forEach>
<c:forEach var = "row" items = " ${result.rowsByIndex}">
    <c:forEach var = "column" items = " ${row}">
        <c:out value = " ${column}"/></td>
    </c:forEach>
</c:forEach>
```

提示:在代码解析中省略了 HTML 元素表格等标签的元素。本示例适用于任何数据库表,只要把数据库的 URL、使用的 JDBC 进行相应的配置,把操作的数据表名进行相应的修改,即可看到结果。

2. <sql:update>标签

<sql:update>标签用于操作数据库,如使用 create、update、delete 和 insert 等 SQL 语句,并返回影响记录的条数。

语法 1:将 SQL 语句放在标签属性中。

```
<sql:update sql = "SQL 语句" var = "name"
      scope = "[page|request|session|application]"
  dataSource = "dataSource" />
```

语法 2:将 SQL 语句放在标签体内。

```
  <sql:update var = "name" scope = "page|request|session|application"
dataSource = "dataSource">
      SQL 语句
  </sql:update>
```

<sql:update>标签的属性说明见表 4-13。

表 4-13 <sql:update>标签的属性说明

属性名	说明	类型	必需
sql	查询数据的 SQL 语句	String	是
DataSource	数据源对象	String	否
var	指定存储查询结果的变量名	String	是
scope	指定结果的作用域	String	否

提示:同<sql:query>标签的属性相比,<sql:update>标签只减少了 maxRows 和 startRow2 个属性,其他参数的用法一样。

使用<sql:update>标签可以创建数据表、插入数据、更新数据和删除数据。使用<sql:

update>时只需在标签中放入正确的 SQL 语句即可，同时要捕获可能产生的异常。下面对简单的插入操作进行说明。

示例：创建一个表来实现数据的插入。

```
   <body>
     <sql:setDataSource driver = "com.mysql.jdbc.Driver"
         url = "jdbc:mysql://127.0.0.1:3306/tongda" user = "root" password =
"123456" />
     实现数据库表的创建
     <br>
     <sql:update var = "result1">
         create table jstl_userinfo (
             id int primary key,
             name varchar(80),
             sex varchar(80)
         )
     </sql:update>
     <c:catch var = "error">
     <sql:update var = "result2">
         insert into jstl_userinfo values(1001,"小红","女")
     </sql:update>
     影响的记录数为:<c:out value = "${result2}"></c:out>
         </c:catch>
         <c:out value = "${error}"></c:out>
         <br>
         <hr>
</body>
```

<sql:update>标签示例代码的运行结果如图 4-21 所示。代码解析如下：

(1)配置数据源；

(2)使用<sql:update>标签创建一个新表；

(3)向表中插入一行数据。

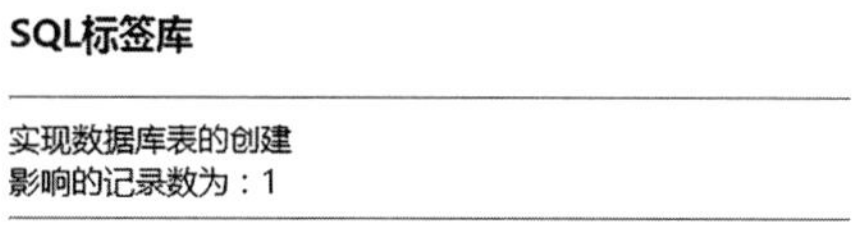

图 4-21　<sql:update>标签示例代码的运行结果

提示：本示例没有针对固定的表进行操作，使用时直接运行即可。如果使用的是其他数据库，需要更改数据源的配置和部分修改 SQL 语句。

使用<sql:update>的 var 属性记录结果是不准确的，尤其是在一个标签中使用多条 SQL 语句时，只能记录下第一条结果。

3. <sql:param>标签

<sql:param>标签用于动态地为 SQL 语句设定参数，与<sql:query>标签共同使用。

为了防止 SQL 注入，可以使用 java. sql. PreparedStatement。

语法 1：

```
<body>
  <sql:param value = "value"/>
</body>
```

语法 2：

```
<body>
  <sql:param>
      value
  </sql:param>
</body>
```

参数说明：value 的作用是为 SQL 中的参数赋值。

示例：

```
<body>
  <sql:query var = "result">
     select * from jstl_userinfo where id = ?
  </sql:query>
</body>
```

4. <sql:dateParam>标签

<sql:dataParam>标签主要用于为 SQL 标签填充日期类型的参数值。

语法如下：

```
<body>
  <sql:dateParam value = "date" type = "timestamp|time|date"/>
</body>
```

参数说明如下：

①value 属性　java. util. Date 类型的参数；

②type 属性　指定填充日期的类型，包括 timestamp（填充的参数为全部日期和时间）、time（填充的参数为时间）、date（填充的参数为日期）。

5. <sql:transaction>标签

<sql:transaction>标签提供数据操作的一种安全机制（事务回滚），即当操作数据库的某条 SQL 语句发生异常时，取消<sql:transaction>标签中的所有操作，恢复原来的状态，重新对数据库进行操作。

语法如下：

```
<body>
  <sql:transaction dataSource = "dataSource" isolation = "read_committed|
read_uncommitted|repeatable|serializable">
      <sql:query var = ""></sql:query>
      <sql:uptade var = ""></sql:uptade>
  </sql:transaction>
</body>
```

四、函数标签库

(一)fn 函数

JSTL 标签库的 fn 函数就是在 JSP 页面或 JavaScript 代码里使用的函数，它是建立在 EL 表达式基础上的表达式函数，语法格式为 ${ns:methodName(args....)}，一般结合 JSTL 核心标签库的 out 标签使用。

(二)fn 函数的使用

JSP 页面需要引入 fn 函数的声明：

```
<%@ taglib prefix = "fn" uri = "http://java.sun.com/jsp/jstl/functions"
%>
```

fn 函数一般需要与 out 标签配合使用，同时引入 out 标签声明：

```
<%@ taglib prefix = "c" uri = "http://java.sun.com/jsp/jstl/core" %>
```

(三)常用函数

常用函数见表 4-14。

表 4-14 常用函数

函数名	说明
fn:contains	判断字符串是否包含另外一个字符串
fn:containsIgnoreCase	判断字符串是否包含另外一个字符串，对大小写不敏感
fn:endsWith	判断字符串是否以另外的字符串结尾
fn:escapeXml	把一些字符转成用 XML 表示
fn:indexOf	子字符串在母字符串中出现的位置
fn:join	将数组中的数据联合成一个新字符串，并使用指定字符隔开
fn:length	获取字符串的长度或者数组的大小
fn:replace	替换字符串中指定的字符

续表 4-14

函数名	说明
fn:split	将字符串按照指定字符进行切割
fn:startsWith	判断字符串是否以某个子字符串开始
fn:substring	获取子字符串
fn:substringAfter	获取从某个字符所在位置开始的子字符串
fn:substringBefore	获取从开始到某个字符所在位置的子字符串
fn:toLowerCase	转为小写
fn:toUpperCase	转为大写
fn:trim	去除字符串前后的空格

示例 1：

```
<body>
        <%
            String a[] = {"aa","bb","cc","dd"};
            request.setAttribute("array",a);
            request.setAttribute("store","guomei8899");
        %>
        <c:if test = "${fn:contains('guomeiddd','guoMei')}">ok</c:if>
<br>
        <c:if test = "${fn:containsIgnoreCase(store,'guoMei')}">ok ok
</c:if><br>
        <c:if test = "${fn:endsWith(store,'99')}">end</c:if><br>
        <c:out value = "${fn:escapeXml('<>')}"/><br>
        <c:out value = "${fn:indexOf(store,'om')}"/><br>
        <c:out value = "${fn:join(array,'|')}"/><br>
        <c:out value = "${fn:length(array)}"/><br>
</body>
```

ok ok
end
<>
2
aa|bb|cc|dd
4

图 4-22 常用函数示例 1 的结果

常用函数示例 1 的结果如图 4-22 所示。

示例 2：

```
<body>
        <%
```

```
        String a[] = {"aa","bb","cc","dd"};
        request.setAttribute("array",a);
        request.setAttribute("store","guomei8899");
        request.setAttribute("user","u1,u2,u3,u4,u5");
        request.setAttribute("test","aBcDeF ");
    %>
    <c:out value="${fn:replace(store,'8','9')}"/><br>
    <c:out value="${fn:split(user,',')}"/><br>
    <c:out value="${fn:startsWith(store,'g')}"/><br>
    <c:out value="${fn:substring(store,2,5)}"/><br>
    <c:out value="${fn:substringAfter(store,'mei')}"/><br>
    <c:out value="${fn:substringBefore(store,'mei')}"/><br>
    <c:out value="${fn:toLowerCase(test)}"/><br>
    <c:out value="${fn:toUpperCase(test)}"/><br>
    <c:out value="${test}hoho"/><br>
    <c:out value="${fn:trim(test)}hoho"/><br>
</body>
```

常用函数示例 2 的结果如图 4-23 所示。

```
guomei9999
[Ljava.lang.String;@570a5ed8
true
ome
8899
guo
abcdef
ABCDEF
aBcDeF hoho
aBcDeFhoho
```

图 4-23　常用函数示例 2 的结果

本章小结

1. EL 表达式是在 JSP2.0 之后新增的规范，目的是方便输出 4 种作用域的属性。4 种作用域分别为 pageContext、request、session 和 application。

2. EL 表达式支持各种操作运算符，使用这些运算符可以使代码的开发更加容易。

3. EL 表达式可以方便地访问对象，无论是自定义对象，还是数组的属性。

4. JSTL 是一个开源的标准标签库，可以直接用于 JSP 页面的编写。

5. EL 表达式和 JSTL 标签库结合使用，可以简化开发，同时能够使 JSP 页面的代码更加干净、整洁。

练习巩固

1. 使用 EL 表达式完成登录，然后访问 welcome.jsp，以判断用户是否已登录。如果用户已经登录，则显示用户名；否则，显示“请登录”。（提示：使用 EL 表达式的三目运算符实现。）

2. 猜数字游戏。

①a.jsp　输入游戏者姓名，并选择游戏难度（简单、普通、困难），form 的 action 指

向 b.jsp。

②b.jsp　读取“难度”参数，根据难度产生一个随机数作为游戏答案(简单 1～10，普通 1～30，困难 1～50)；同时，提供一个表单，输入项目“你要猜的数是：”，action 指向 c.jsp。

概述：产生答案，提供输入。

③c.jsp　读取 b.jsp 中传来的要猜的数。如果猜的数正确，提示“恭喜你猜中了，一共猜了 X 次，耗时 XXXX 秒”；如果猜的数不等于答案，则返回 b.jsp，并在 b.jsp 中增加提示信息：“你猜的数太大”或“你猜的数太小”，显示“太大”或“太小”。

概述：判断并跳转。

提示：

```
String url  = "b.jsp?msg = 你猜的数太大";
url  =  new String(url.getBytes("utf-8"),"ISO-8859-1")
```

3. 商城后台系统商品信息管理：从数据库商品表中读取所有商品的信息，并使用 JSTL＋EL 在 showlist.jsp 中显示出来。功能包含对商品的增加、修改、删除，查询全部商品和单个商品的信息。(提示：在 Web 项目开发过程中，要满足 MVC 架构设计的要求。)

第五章 过滤器与监听器

第一节 过滤器介绍

过滤器及其应用场景教学视频

第五章 教学课件(原创)

一、过滤器及其应用场景

过滤器(Filter)是 Java Servlet 技术的一项关键特性,用于拦截和处理 Web 应用程序的请求和响应。它允许开发者在 Servlet 处理请求之前和生成响应之后进行自定义的处理操作,从而实现各种功能,并增强应用的性能和安全性。

在 Web 开发中,过滤器扮演着重要角色。它能够拦截进入 Servlet 的请求,进行诸如权限验证、日志记录、请求参数处理等预处理操作。这些操作确保了请求的安全性和有效性,从而使 Servlet 可以在安全的环境下处理业务逻辑。同时,过滤器也能对 Servlet 生成的响应进行后处理,如内容的压缩、字符编码的修改、响应头的添加等。这些后处理操作可以优化响应的性能和提升用户体验,确保返回给客户端的数据格式和内容符合预期。

过滤器的工作方式简单、直接,它在 Web 应用的配置文件(如 web.xml)中被定义,并按照指定的顺序依次拦截请求和处理响应。这种机制使开发者能够在不改变 Servlet 逻辑的情况下,通过添加过滤器来扩展和改进应用的功能。

过滤器是 Java Web 应用开发中一种强大而灵活的工具,它通过预处理请求和后处理响应,为开发者提供广泛的定制能力和增强应用的能力。通过合理使用和配置过滤器,可以有效地提升 Web 应用的性能、安全性和可维护性。

二、过滤器的创建与配置

过滤器的创建与配置教学视频

创建 Web 项目,并新建过滤器实例,如图 5-1 所示。创建过滤器实例的代码如图 5-2 所示。login.jsp 的代码如图 5-3 所示。访问 login.jsp,过滤器实例的运行结果如图 5-4 所示。

(1)当服务器启动时,过滤器就被实例化,然后调用 init()方法。实例

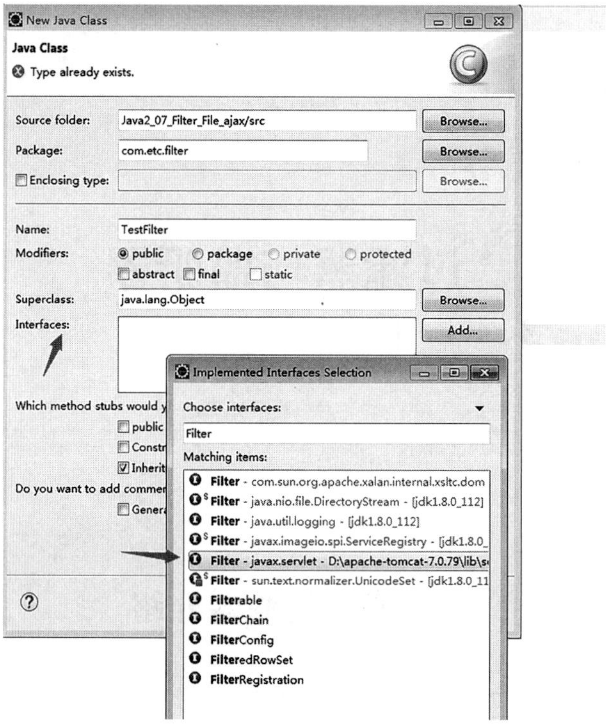

图 5-1 创建过滤器实例

```
/**
 * Servlet Filter implementation class TestFilter
 */
@WebFilter("/*")
public class TestFilter implements Filter {

    /**
     * Default constructor.
     */
    public TestFilter() {
        System.out.println("过滤器构造方法~");
    }

    /**
     * @see Filter#destroy()
     */
    public void destroy() {
        // TODO Auto-generated method stub
        System.out.println("过滤器销毁方法~");
    }

    /**
     * @see Filter#doFilter(ServletRequest, ServletResponse, FilterChain)
     */
    public void doFilter(ServletRequest request, ServletResponse response, FilterChain chain) throws IOException, ServletException {
        System.out.println("过滤器doFilter操作方法~");
        chain.doFilter(request, response);//放行

    }

    /**
     * @see Filter#init(FilterConfig)
     */
    public void init(FilterConfig fConfig) throws ServletException {
        System.out.println("过滤器init方法~");
    }

}
```

图 5-2 创建过滤器实例的代码

化和初始化都仅进行 1 次。当发生请求被过滤时，可以多次调用 doFilter()方法。

(2)类上的注解@WebFilter("/ * ")表示过滤所有的请求。过滤器有 2 种配置方式：一种是使用注解进行配置，如图 5-5 所示；另一种是使用 web. xml 进行配置，如图 5-6 所示。

图 5-3 login. jsp 的代码

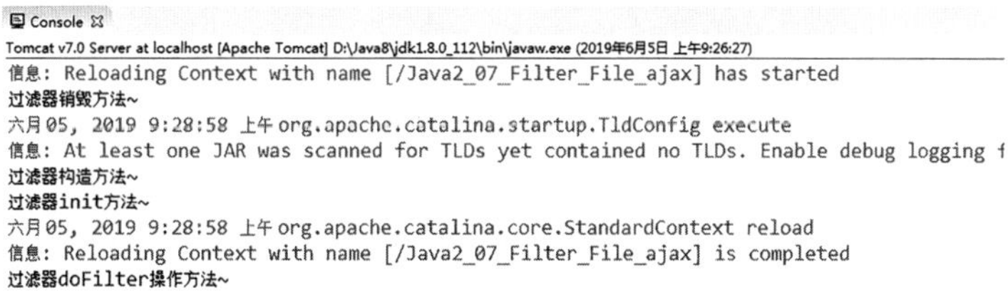

图 5-4 过滤器实例的运行结果

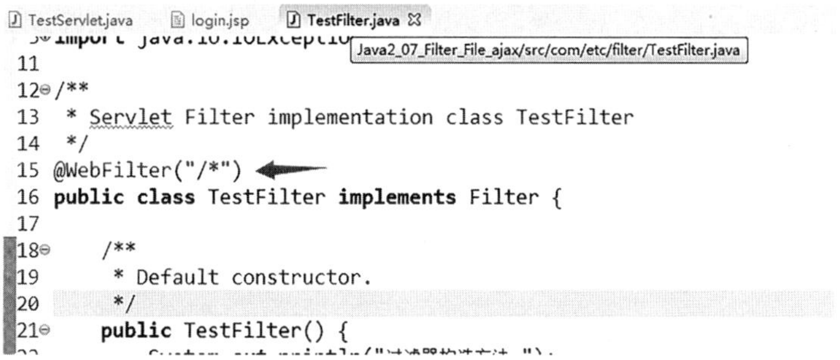

图 5-5 使用注解进行配置

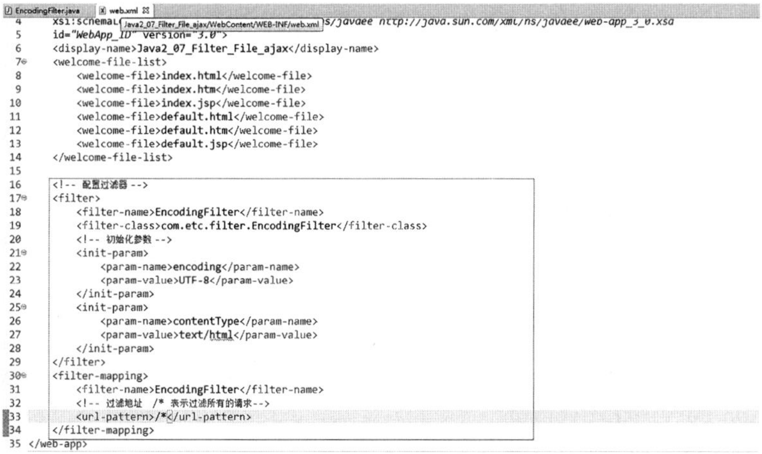

图 5-6 使用 web. xml 进行配置

三、过滤器的核心对象

Filter、FilterConfig、FilterChain 是过滤器的 3 个核心接口对象，位于 javax. servlet 包中。

(一)Filter 接口

每一个过滤器对象都要直接或间接地实现 Filter 接口，Filter 接口定义了 3 种方法。

(1)过滤器初始化方法：在过滤器初始化时被调用。

```
public void init(FilterConfig fcongfig)throws ServletException
```

(2)对请求进行过滤处理的方法。

```
public void doFilter(ServletRequest request,ServletResponse respone,Filter-
Chain chain)
```

(3)过滤器销毁方法：在服务器停止过滤器时自动调用。

```
public void init(FilterConfig arg0) throws ServletException
```

(二)FilterConfig 接口

FilterConfig 接口主要用于获取过滤器中的配置信息，例如：

(1)获取过滤器的名字。

```
public String getFilterName()
```

(2)获取 Servlet 的上下文。

```
public ServletContext getServletContext()
```

(3)获取过滤器的初始化参数。

```
public String getInitParameter(String name)
```

(4)获取过滤器所有初始化参数名称的枚举集合。

```
public Enumeration getInitParameterNames()
```

(三)FilterChain 接口

FilterChain 接口中只有一个 doFilter()方法。doFilter()方法用于将过滤器的请求传递给下一个过滤器。如果该过滤器已经是过滤器链中的最后一个过滤器，那么请求将被传递给目标资源。

```
public void doFilter(ServletRequest request,ServletResponse response)throws
IOException ServletException
```

四、过滤器的生命周期

过滤器的生命周期可以被细分为实例化、初始化、过滤(处理请求)和销毁 4 个阶段。每个阶段对应着过滤器的不同操作。

(一)过滤器的实例化

在容器启动时,Servlet 容器会根据 web.xml 或 @WebFilter 注解中的配置,实例化过滤器对象,这是过滤器生命周期的第一个阶段。在该阶段,容器通过反射机制创建过滤器的实例。每个过滤器类只能被实例化 1 次,直到容器关闭或过滤器被销毁。实例化过程由容器管理,开发者无须进行干预。

(二)过滤器的初始化

当过滤器被实例化后,容器会调用 init() 方法进行初始化。这个方法在过滤器的生命周期中只会被调用 1 次,通常发生在容器启动时、过滤器被实例化之后。在该阶段,过滤器会进行初始化操作,如加载配置参数,打开数据库连接,准备必要的资源等。该方法为过滤器提供了初始化时需要的配置信息(通过 FilterConfig)。

(三)过滤器的过滤

每当请求到达过滤器时,容器会调用 doFilter() 方法进行处理。这个方法会在每次请求处理时被触发,通常会对请求和响应进行预处理和后处理。doFilter() 方法是过滤器的核心方法,负责拦截请求并对其进行处理。在这个方法中,开发者可以执行各种操作,例如日志记录、安全检查、数据修改请求等。如果需要将请求传递给下一个过滤器或目标资源,必须调用 chain.doFilter()。否则,请求会被阻止,后续的处理流程不会继续。

(四)过滤器的销毁

Web 容器调用 destroy()方法销毁过滤器。destroy()方法在过滤器的生命周期中只被执行 1 次。在 destroy()方法中,可以释放过滤器使用的资源。

(五)示例

示例 1:

```
// 过滤器类
public class HelloWorldFilter implements Filter {

  public HelloWorldFilter() {
    System.out.println("过滤器 helloworldFilter 被实例化");
  }

  // 过滤器的销毁方法
  @Override
  public void destroy() {
    System.err.println("过滤器 helloworldFilter 被销毁");
```

```
    }

    // 过滤器的过滤方法（操作的公共任务）
    @Override
    public void doFilter(ServletRequest request, ServletResponse response,
FilterChain chain) throws IOException, ServletException {
        System.out.println("进入过滤器");
        // 链条,一环接着一环
        // FilterChain 真正要做的就是转发(传递请求和响应) 连接浏览器和 Web 后
台资源
        chain.doFilter(request, response);// 将请求传递给下一个过滤器或 Web 后
台资源服务器
        System.out.println("退出过滤器");
    }

    // 过滤器的初始化方法
    @Override
    public void init(FilterConfig arg0) throws
ServletException {
        System.out.println("过滤器 helloworldFilter 被初始化");
    }
}
```

示例 1 的运行结果如图 5-7 所示。

```
八月 04, 2019 2:57:35 下午 org.apache.catalina.startup.HostConfig deployDi
信息: Deploying web application directory E:\MyEclipse Professional 201
过滤器helloworldFilter被实例化
过滤器helloworldFilter被初始化
八月 04, 2019 2:57:36 下午 org.apache.coyote.AbstractProtocol start
信息: Starting ProtocolHandler ["http-bio-8080"]
八月 04, 2019 2:57:36 下午 org.apache.coyote.AbstractProtocol start
信息: Starting ProtocolHandler ["ajp-bio-8009"]
八月 04, 2019 2:57:36 下午 org.apache.catalina.startup.Catalina start
信息: Server startup in 760 ms
进入过滤器
进入控制器
退出过滤器
```

图 5-7　示例 1 的运行结果

示例 2:登录权限校验。该示例包括 login. jsp 页面、LoginServlet 控制器和 welcome. jsp,登录成功后,页面自动跳转到 welcome. jsp。

使用过滤器实现:如果未经登录而访问 welcome. jsp,自动重定向到 login. jsp,并且加入信息“请先登录”。

解析:以前的做法是一旦登录成功,将用户名保存在 session 中。在 welcome. jsp 中访问

该 session 是否有 key 为“name”对应的值，如果没有，页面跳转到 login. jsp；如果有，则显示欢迎信息。使用过滤器后，在过滤器中访问该 session 是否有 key 为“name”对应的值，如果有，才允许将请求发往 welcome. jsp（chain. doFilter），否则将请求转发到 login. jsp 页面，将 msg 保存在 request 的作用域中，并在 login. jsp 中进行读取。如果请求页面是 login. jsp，就执行过滤器放行。

（1）获取 session 的方法：

```
((HttpServletRequest) request).getSession();
```

（2）获取请求页面的方法：

```
((HttpServletRequest) request).getRequestURI()
```

login. jsp 的代码如下：

```
<body>
  ${requestScope.msg }
    <form action = "LoginServlet" method = "post">
      用户名：<input type = "text" name = "username" ><br/>
      密   码 :<input type = "password" name = "password">
<br/>
      <input type = "submit" name = "submit" value = "登录"/>
    </form>
</body>
```

LoginServlet 控制器的代码如下：

```
package com.servlet;

import java.io.IOException;
import java.io.PrintWriter;

import javax.servlet.ServletException;
import javax.servlet.http.HttpServlet;
import javax.servlet.http.HttpServletRequest;
import javax.servlet.http.HttpServletResponse;

public class LoginServlet extends HttpServlet {

  public void doGet(HttpServletRequest request, HttpServletResponse re-
sponse)
      throws ServletException, IOException {
    doPost(request,response);
```

```
    }
  public void doPost (HttpServletRequest request, HttpServletResponse re-
sponse)
        throws ServletException, IOException {
      // 获取参数
      String username = request.getParameter("username");
      String password = request.getParameter("password");
      System.out.println(username + "--" + password);
      if ("admin".equals(username)&& ("123".equals(password))){
        // 设置属性
        request.getSession().setAttribute("username", username);
        response.sendRedirect("welcome.jsp");
      }else {
        response.getWriter().print("<html>用户名或密码错误</html>");
      }
    }
  }
```

其中,用户名和密码写成固定值进行判断。如果判断成功,则设置用户名到 session 对象中,并重定向到 welcome.jsp,否则页面将会出现打印提示。

welcome.jsp 的代码如下:

```
<body>
    这是登录成功后的页面 ${username }
</body>
```

目前,已经完成未包含过滤器部分的设计,接下来的技术难点在于实现过滤,代码如下:

```
package com.filter;

import java.io.IOException;

import javax.servlet.Filter;
import javax.servlet.FilterChain;
import javax.servlet.FilterConfig;
import javax.servlet.ServletException;
import javax.servlet.ServletRequest;
import javax.servlet.ServletResponse;
import javax.servlet.http.HttpServletRequest;
```

```
import javax.servlet.http.HttpSession;

public class LoginFilter implements Filter {
    @Override
    public void init(FilterConfig filterConfig) throws ServletException {

    }

    @Override
    public void destroy() {

    }

    @Override
    public void doFilter(ServletRequest request, ServletResponse response,
FilterChain chain) throws IOException, ServletException {
  // 转换 request 对象
    HttpServletRequest req = (HttpServletRequest) request;

      // 获取 url
      String url = req.getRequestURI();

      // 先判断是否是 login.jsp
      if (url.indexOf("login.jsp") >= 0) {
        // 放行 直接访问 servlet
        chain.doFilter(request, response);
        return;
      }

      // 读取 session 中的 username
      HttpSession session = req.getSession();
      String username =
        (String) session.getAttribute("username");

      // 判断 username
      if(username == null || "".equals(username)){
        req.setAttribute("msg", "请先登录");
        req.getRequestDispatcher("login.jsp").
        forward(request, response);
```

```
        return;
      }else{
        chain.doFilter(request, response);
        return;
      }
    }
  }
```

web.xml 的代码如下：

```
<filter>
      <!-- 当前的过滤器节点名 -->
      <filter-name>LoginFilter</filter-name>
      <!-- 指定过滤器类   包名.类名-->
      <filter-class>com.etc.filter.LoginFilter</filter-class>
   </filter>
   <filter-mapping>
      <!-- 当前的过滤器节点要匹配的过滤器 -->
      <filter-name>LoginFilter</filter-name>
      <!-- 要过滤的 url *:匹配所有 -->
      <!-- 只过滤 jsp -->
      <url-pattern>*.jsp</url-pattern>
</filter-mapping>
```

登录页面如图 5-8 所示。

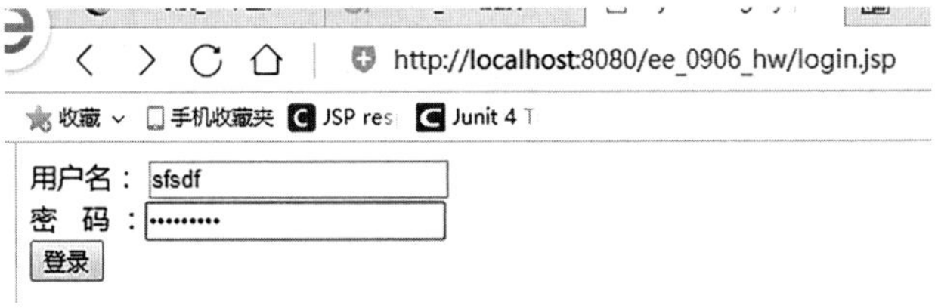

图 5-8 登录页面

第一次输入错误的用户名或密码，提示错误，如图 5-9 所示。

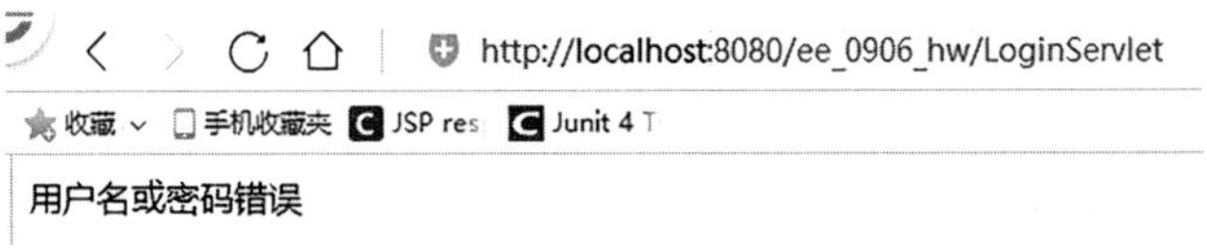

图 5-9 用户名或密码错误时的运行结果

再次返回 login. jsp，输入正确的用户名和密码，点击“登录”，出现如图 5-10 所示的结果。

图 5-10　用户名和密码正确时的运行结果

根据设计，第二次可以直接访问 welcome. jsp，跳过登录页面。此操作类似于直接访问淘宝中某个商品的页面(此时已经在浏览器的其他窗口中登录过)，页面效果依旧是登录成功。

五、过滤器的过滤类型

(一)配置方法

(1)映射过滤应用程序中的所有资源。

```
<!-- 创建过滤器 -->
  <filter>
    <!-- 当前的过滤器节点名 -->
    <filter-name>EncodingFilter</filter-name>
    <!-- 指定过滤器类  包名.类名 -->
    <filter-class>
      com.etc.filter.EncodingFilter
    </filter-class>
    <init-param>
      <param-name>encode</param-name>
      <param-value>utf-8</param-value>
    </init-param>
  </filter>

  <!-- 配置过滤器的过滤操作  过滤什么-->
  <filter-mapping>
    <!-- 当前的过滤器节点要匹配的过滤器 -->
    <filter-name>EncodingFilter</filter-name>
    <!-- 要过滤的 url * :匹配所有
    只过滤 jsp -->
    <url-pattern>/*</url-pattern>
  </filter-mapping>
```

(2)过滤指定类型的文件资源。

如果 *.html 要过滤 JSP,那么就改“*.html”为“*.jsp”,注意“*.html”前应没有“/”。同时,过滤多种类型资源的代码如下:

```
<filter>
    <filter-name>loggerfilter</filter-name>
    <filter-class>myfilter.LoggerFilter</filter-class>
</filter>
<filter-mapping>
  <filter-name>loggerfilter</filter-name>
  <!-- 访问当前主机,当前应用程序根目录下的所有 html 文件,
    注意:*.html 前没有"/",否则错误 -->
  <url-pattern>*.html</url-pattern>
</filter-mapping>
```

方法 1:将 url-pattern 分开写。

```
<filter>
   <filter-name>loggerfilter</filter-name>
   <filter-class>
      myfilter.LoggerFilter
   </filter-class>
</filter>
<filter-mapping>
   <filter-name>loggerfilter</filter-name>
   <url-pattern>*.html</url-pattern>
   <!-- 访问当前主机,当前应用程序根目录以及所有子目录下的所有 html 文件 -->
</filter-mapping>
<filter-mapping>
   <filter-name>loggerfilter</filter-name>
   <url-pattern>*.jsp</url-pattern>
   <!-- 访问当前主机,当前应用程序根目录以及所有子目录下的所有 jsp 文件 -->
</filter-mapping>
```

方法 2:将 url-pattern 合并。

```
<filter>
   <filter-name>loggerfilter</filter-name>
   <filter-class>myfilter.LoggerFilter
```

```
    </filter-class>
</filter>
<filter-mapping>
    <filter-name>loggerfilter</filter-name>
    <!-- *.html; *.jsp 两类型之间用分号;间隔 -->
    <url-pattern>*.html; *.jsp</url-pattern>
</filter-mapping>
```

方法 3:过滤指定目录下的所有文件。

```
<filter>
    <filter-name>loggerfilter</filter-name>
    <filter-class>myfilter.LoggerFilter
    </filter-class>
</filter>
<filter-mapping>
    <filter-name>loggerfilter</filter-name>
    <!-- 访问当前主机,当前应用程序根目录下的 folder_name 子目录(可以是多级
子目录)下的所有文件 -->
    <url-pattern>/folder_name/*</url-pattern>
</filter-mapping>
```

方法 4:过滤指定的 Servlet。

```
<filter>
    <filter-name>loggerfilter</filter-name>
    <filter-class>myfilter.LoggerFilter
    </filter-class>
</filter>
<filter-mapping>
    <filter-name>loggerfilter</filter-name>
    <servlet-name>loggerservlet</servlet-name>
</filter-mapping>
<servlet>
    <servlet-name>loggerservlet</servlet-name>
    <servlet-class>myfilter.LoggerServlet
    </servlet-class>
</servlet>
```

方法 5:过滤指定的文件(即单一文件)。

```
<filter>
   <filter-name>loggerfilter</filter-name>
   <filter-class>
      myfilter.LoggerFilter
   </filter-class>
</filter>
<filter-mapping>
   <filter-name>loggerfilter</filter-name>
   <url-pattern>/simplefilter.html</url-pattern>
</filter-mapping>
```

方法 6:过滤指定目录下指定类型的所有文件。

```
<filter>
   <filter-name>loggerfilter</filter-name>
   <filter-class>myfilter.LoggerFilter
   </filter-class>
</filter>
<filter-mapping>
   <filter-name>loggerfilter</filter-name>
   <url-pattern>/dir_name/*</url-pattern>
</filter-mapping>
```

这种情况下在 web.xml 中无法一次性配置完成,需要结合过滤器的实现类。首先,在 web.xml 中配置过滤指定目录下的所有文件;其次,在过滤器实现类的 doFilter()方法中获取请求的 URI 或者 URL,判断 URI 或者 URL 中是否包含指定文件类型的字符串,以决定是否进行过滤。

```
@Override
public void doFilter(ServletRequest request,ServletResponse response,
      FilterChain chain) throws IOException,ServletException {
   // 强转 request
   HttpServletRequest req = (HttpServletRequest)request;
   //获得用户请求的 uri
   String uri = req.getRequestURI();
   if(uri.contains(".jsp")||uri.contains(".html"))
```

```
    System.out.println("开始过滤"+uri);
}
```

方法7:过滤指定目录下指定类型的单一文件。

```
<filter>
    <filter-name>loggerfilter</filter-name>
    <filter-class>
      myfilter.LoggerFilter
    </filter-class>
</filter>
<filter-mapping>
    <filter-name>loggerfilter</filter-name>
    <url-pattern>/dir_name/index.jsp</url-pattern>
</filter-mapping>
```

(二)示例

(1)不缓存文件。

```
<filter>
    <filter-name>NoCache</filter-name>
    <filter-class>
      com.sys.common.Filters.ResponseHeaderFilter
    </filter-class>
    <init-param>
        <param-name>Cache-Control</param-name>
        <param-value>
      no-cache, must-revalidate
    </param-value>
    </init-param>
</filter>
```

(2)缓存文件1星期。

```
<filter>
    <filter-name>CacheForWeek</filter-name>
    <filter-class>
      com.etc.Filter.ResponseHeaderFilter
    </filter-class>
```

```
    <init-param>
      <param-name>Cache-Control</param-name>
      <param-value>max-age = 604800, public</param-value>
    </init-param>
</filter>
<filter-mapping>
    <filter-name>CacheForWeek</filter-name>
  <url-pattern>/images/ * </url-pattern>
</filter-mapping>
<filter-mapping>
  <filter-name>CacheForWeek</filter-name>
  <url-pattern> * .js</url-pattern>
</filter-mapping>
<filter-mapping>
  <filter-name>CacheForWeek</filter-name>
  <url-pattern> * .css</url-pattern>
</filter-mapping>
```

(3)自定义过滤器。

```
public class ResponseHeaderFilter implements Filter {
    FilterConfig fc;

    public void init(FilterConfig filterConfig) {
        this.fc = filterConfig;
}

     public void doFilter(ServletRequest req, ServletResponse res, Filter-
Chain chain) throws IOException, ServletException {
   HttpServletResponse response = (HttpServletResponse) res;
   for (Enumeration e = fc.getInitParameterNames(); e.hasMoreElements();)
     {
       String headerName = (String) e.nextElement();
       response.addHeader(headerName, fc.getInitParameter(headerName));
     }

    chain.doFilter(req, response);
}
```

```
    public void destroy() {
        this.fc = null;
    }
}
```

六、过滤器链

在一个 Web 应用中，可以开发编写多个过滤器，这些过滤器组合起来被称为一个过滤器链。Web 服务器根据过滤器在 web. xml 文件中的注册顺序，决定先调用哪个过滤器。当第一个过滤器的 doFilter()方法被调用时，Web 服务器会创建一个代表过滤器链的 FilterChain 对象，并将其传递给该方法。开发者如果调用了 FilterChain 对象的 doFilter()方法，则 Web 服务器会检查 FilterChain 对象中是否还有过滤器。如果有，则调用第二个过滤器；如果没有，则调用目标资源。过滤器链的原理如图 5-11 所示。

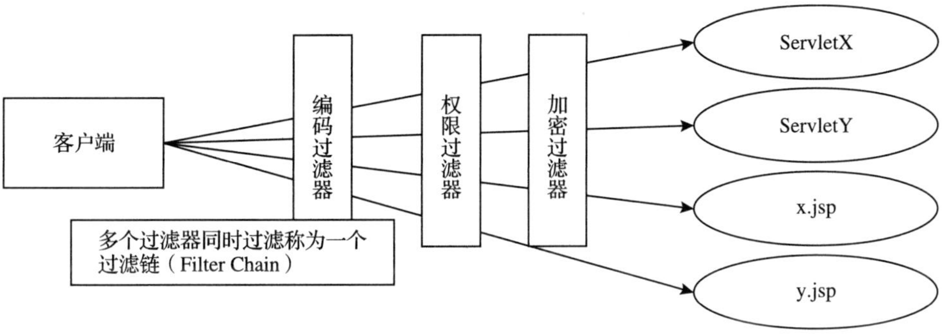

图 5-11 过滤器链的原理

第二节 监听器介绍

一、监听器及其应用场景

监听器(Listener)在 Java Web 开发中扮演着重要的角色，它允许开发者捕获和处理 Web 应用中关键对象(如 session、request 和 ServletContext 等)的生命周期和属性变化。监听器通过实现观察者模式，即当被监听的对象发生变化时通知监听器，从而使开发者能够在特定事件发生时执行自定义的逻辑。

监听器一个典型的应用场景是网站在线人数的统计。通过监听 session 对象的创建和销毁事件，可以动态地统计当前的在线用户数。这种实时监控不仅可以提供对用户活动的可视化反馈，还可以帮助网站管理员管理用户的会话状态，以提供更好的用户体验。

此外，监听器还常被用于实现权限控制、请求日志记录、性能监控等。例如，可以通过监听 request 对象来拦截请求，检查用户的访问权限并记录访问日志，从而确保系统的安全性和可追溯性。

在技术实现上，每个监听器都实现了特定接口（如 HttpSessionListener、ServletRequestListener 等），并在部署描述文件（如 web.xml 或注解）中进行配置。这种配置使监听器能够被容器自动加载和管理，无须手动介入。

总体而言，监听器通过其灵活和强大的事件处理能力，为 Java Web 应用程序提供了重要的功能扩展和增强手段。它不仅简化了开发者对应用状态的监控和管理，还提升了应用的可靠性和可维护性，是现代 Web 开发中不可或缺的组成部分。

二、监听器的分类

（一）6 种监听事件

（1）上下文相关的事件：application-->ServletContext。

①ServletContextEvent　上下文事件。当应用的上下文对象发生改变，例如创建或销毁上下文对象时，将会触发上下文事件。

②ServletContextAttributeEvent　上下文属性事件。当应用上下文的属性发生改变，例如增加、删除、覆盖上下文中的属性时，将会触发上下文属性事件。触发代码如下：

```
Application.setAttribute("key",object);
Application.removeAttribute("key");
```

（2）请求相关的事件：Request -> HttpServerRequest -> ServletRequest。

①ServletRequestEvent　请求事件。当请求对象发生改变，例如创建或销毁请求对象时，将会触发请求事件。

②ServletRequestAttributeEvent　请求属性事件。当请求中的属性发生改变，例如增加、删除、覆盖请求中的属性时，将会触发请求属性事件。触发代码如下：

```
Request.setAttribute("key",object);
Request.removeAttribute("key");
```

（3）会话相关的事件：session -> HttpSession。

①HttpSessionEvent　会话事件。当会话对象发生改变，如创建或销毁会话对象、活化或钝化会话对象时，将会触发会话事件。

②HttpSessionBindingEvent　会话绑定事件。当会话中的属性发生变化，如增加、删除、覆盖会话中的属性时，将会触发会话绑定事件。触发代码如下：

```
Session.setAttribute("key",object);
```

（二）8 种监听器接口

Servlet API 中定义了 8 种监听器接口，用于监听不同的事件类型。

（1）上下文相关的监听器，包括以下 2 种：

①ServletContextListener 上下文监听器，用于监听 ServletContextEvent。

②ServletContextAttributeListener 上下文属性监听器，用于监听 ServletContextAttributeEvent。

(2) 请求相关的监听器，包括以下 2 种：

①ServletRequestListener 请求监听器，用于监听 ServletRequestEvent。

②ServletRequestAttributeListener 请求属性监听器，用于监听 ServletRequestAttributeEvent。

(3) 会话相关的监听器，包括以下 4 种：

①HttpSessionListener 会话监听器，用于监听 HttpSessionEvent。

②HttpSessionActivationListener 会话活动(化)监听器，用于监听 HttpSessionActivationEvent。

③HttpSessionAttributeListener 会话属性监听器，用于监听 HttpSessionAttributeEvent。

④HttpSessionBindingListener 会话绑定监听器，用于监听 HttpSessionBindingEvent

三、监听器的创建与配置

(一)监听器的创建

写一个类，实现相应的 XXXLisntener 接口；重写接口中的方法，实现监听的功能；使用向导的方式，直接选择对应的接口实现即可。创建接口，过程如图 5-12 和图 5-13 所示。重写后的方法如图 5-14 所示。也可以采用直接定义类的方式创建监听器，如图 5-15 所示。HttpSessionListener 需要实现 2 个方法，如图 5-16 所示。

图 5-12 创建接口过程 1

图 5-13 创建接口过程 2

```java
@WebListener
public class TestListener implements HttpSessionListener{

    /**
     * @see HttpSessionListener#sessionCreated(HttpSessionEvent)
     */
    public void sessionCreated(HttpSessionEvent se)  {
         // TODO Auto-generated method stub
        HttpSession session = se.getSession();
        System.out.println("sessionCreated~~");
    }

    /**
     * @see HttpSessionListener#sessionDestroyed(HttpSessionEvent)
     */
    public void sessionDestroyed(HttpSessionEvent se)  {
         // TODO Auto-generated method stub
        System.out.println("sessionDestroyed~~");
    }

}
```

图 5-14 重写后的方法

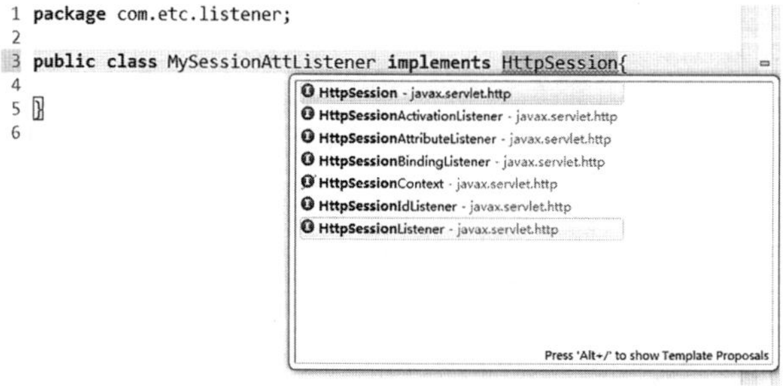

图 5-15 直接定义类

The JAR file C:\apache-tomcat-9.0.69\lib\servlet-api.jar has no source attachment.
You can attach the source by clicking Attach Source below:

Attach Source...

```
// Compiled from HttpSessionListener.java (version 1.8 : 52.0, no super bit)
public abstract interface javax.servlet.http.HttpSessionListener extends java.util.EventListener {

  // Method descriptor #5 (Ljavax/servlet/http/HttpSessionEvent;)V
  // Stack: 0, Locals: 2
  public void sessionCreated(javax.servlet.http.HttpSessionEvent se);
    0  return
      Line numbers:
        [pc: 0, line: 40]
      Local variable table:
        [pc: 0, pc: 1] local: this index: 0 type: javax.servlet.http.HttpSessionListener
        [pc: 0, pc: 1] local: se index: 1 type: javax.servlet.http.HttpSessionEvent

  // Method descriptor #5 (Ljavax/servlet/http/HttpSessionEvent;)V
  // Stack: 0, Locals: 2
  public void sessionDestroyed(javax.servlet.http.HttpSessionEvent se);
    0  return
      Line numbers:
        [pc: 0, line: 50]
      Local variable table:
        [pc: 0, pc: 1] local: this index: 0 type: javax.servlet.http.HttpSessionListener
        [pc: 0, pc: 1] local: se index: 1 type: javax.servlet.http.HttpSessionEvent
}
```

图 5-16 HttpSessionListener 需要实现的方法

(二)监听器的配置

方法 1:在 web. xml 中配置监听器,如图 5-17 所示。

```
<!-- 监听器的配置 -->
<listener>
  <listener-class>com.etc.listener.MySessionAttListener</listener-class>
</listener>
```

图 5-17 在 web. xml 中配置监听器

方法 2:使用注解配置监听器,如图 5-18 和图 5-19 所示。监听器的配置结果如图 5-20 所示。

```
@WebListener
public class TestListener implements HttpSessionListener{

    /**
     * @see HttpSessionListener#sessionCreated(HttpSessionEvent)
     */
    public void sessionCreated(HttpSessionEvent se)  {
         // TODO Auto-generated method stub
        HttpSession session = se.getSession();
        System.out.println("sessionCreated~~");
    }

    /**
     * @see HttpSessionListener#sessionDestroyed(HttpSessionEvent)
     */
    public void sessionDestroyed(HttpSessionEvent se)  {
         // TODO Auto-generated method stub
        System.out.println("sessionDestroyed~~");
    }

}
```

图 5-18 使用注解配置监听器 1

```
<!-- 设置session一分钟失效 -->
<session-config>
  <session-timeout>1</session-timeout>
</session-config>
```

图 5-19 使用注解配置监听器 2

```
信息: [802]毫秒后服务器启动
sessionCreated~~
sessionDestroyed~~   ← 一分钟后
```

图 5-20 监听器的配置结果

(三)示例

(1)Session 属性监听如图 5-21 所示。

(2)使用监听器实现单态登录。

分析:在 session 的监听器中增加一个 Map,用于存储用户登录的信息,如图 5-22 所示。

```java
TestListener.java  TestSessionAttributeListener.java  TestServlet.java
package com.etc.listener;
                 Java2_07_Filter_File_ajax/src/com/etc/listener/TestSessionAttributeListener.java
import javax.servlet.annotation.WebListener;

/**
 * Application Lifecycle Listener implementation class TestSessionAttributeListener
 *
 */

public class TestSessionAttributeListener implements HttpSessionAttributeListener {

    /**
     * Default constructor.
     */
    public TestSessionAttributeListener() {
        // TODO Auto-generated constructor stub
    }

    /**
     * @see HttpSessionAttributeListener#attributeAdded(HttpSessionBindingEvent)
     */        当有内容存放到session作用域中就会调用该方法
    public void attributeAdded(HttpSessionBindingEvent arg0)  {
        System.out.println("监听属性: " + arg0.getName());//session中的key
    }

    /**
     * @see HttpSessionAttributeListener#attributeRemoved(HttpSessionBindingEvent)
     */
    public void attributeRemoved(HttpSessionBindingEvent arg0)  {
        // TODO Auto-generated method stub
    }

    /**
     * @see HttpSessionAttributeListener#attributeReplaced(HttpSessionBindingEvent)
     */
```

图 5-21 Session 属性监听

```java
    // 存储用户登录信息
    // key 字符串 value HttpSession对象
    private Map<String, HttpSession> map = new HashMap<String, HttpSession>();

    @Override
    public void attributeAdded(HttpSessionBindingEvent arg0) {
        System.out.println("attributeAdded~~~~~~~~~");
        // TODO Auto-generated method stub
        String name = arg0.getName(); //其实就是 字符串"u" key
        if (name.equals("u")) {// 如果key为u ,用户登录有关的

            Object value = arg0.getValue(); // 其实是一个users对象
            System.out.println("value :"+value);
            Users uu = (Users) value; // 转换为Users对象

            // 包含了key
            if (map.containsKey(uu.getUserName())) {// 如果集合中包含uu的用户名信息
                HttpSession session = map.get(uu.getUserName()); // 得到对应的session对象

                // Users lastuser=(Users)session.getAttribute("u"); //之前存放进去的u
                // ,备用

                session.removeAttribute(name);// key
                session.setAttribute("msg", "您已经被踢出~");

            }
            //存放的时候也是一样的道理 key 是用户名 ,value是session对象
            map.put(uu.getUserName(), arg0.getSession());
        }


    }
```

图 5-22 Map 存储登录信息

本章小结

1. 位于请求(request)与服务(response)之间的 Web 组件用于拦截请求和响应,将公共任务穿插到组件中。

2. 要实现一个过滤器，就要实现 Filter 接口，并覆盖此接口中的相应方法，所有过滤器都要被执行 2 次；过滤器同样需要在 web.xml 文件中进行配置，但是配置路径表示的是过滤路径。

3. 过滤器的生命周期由 4 个阶段组成：实例化、初始化、过滤和销毁。

4. 当多个过滤器同时满足条件时，它们的执行顺序由 web.xml 的声明顺序决定，遵循“先进后出”的原则。

5. 监听器可以完成对 Web 操作的监听，主要监听 application、session、request 的操作。

6. 监听器可以被用于日志处理、单点登录等方面。

练习巩固

1. 使用过滤器实现 IP 地址的过滤：除某个局域网网段内容的 IP 地址外，其他 IP 地址都不能通过过滤器，从而实现 IP 地址的拦截。

2. 使用过滤器实现非法字符不能在网站进行注册：如果用户名中包含敏感字符，则提示注册失败，失败原因为“用户名中包含××敏感字符”。

第六章

分页技术和文件上传

第一节　分页技术

第六章　教学
课件(原创)

一、分页技术的实现思路

分页技术在信息系统中不仅是数据展示的一种方式,更是保证系统性能和用户体验的重要手段。它将大数据集分割成多个页面,使用户能够分段浏览数据,以便快速定位所需信息。这种方式类似于阅读书籍时的章节划分和翻页阅读。

在企业信息系统中,数据量通常是庞大且多样化的。如果没有分页机制,系统可能面临严重的性能问题,导致用户体验下降。如果一个查询返回了数以万计的数据行,将数据行直接全部呈现给用户,无论是网络传输速度还是前端页面的加载和渲染,都将遭受巨大的压力。用户面对过多数据,往往难以快速定位和处理需要的信息,这不仅影响工作效率,还可能导致用户流失和系统负载过重。因此,分页技术的引入至关重要。通过将数据进行分段展示,系统可以有效控制每次查询返回的数据量,减轻服务器的负担,缓解网络传输的压力。用户可以根据需要浏览特定页码的数据,或者通过翻页功能逐步获取目标信息,从而提升系统的响应速度和用户的交互体验。

在实际应用中,分页技术不仅限于简单的数据查询结果展示,还涵盖了搜索结果分页、数据报表分页等场景。例如,电子商务平台的商品列表页、管理系统的数据管理页面等,都会使用分页技术来优化页面的加载速度和数据的浏览效率。尽管分页技术增加了系统的复杂度,但它是一种必要的权衡,能够有效地平衡数据展示的全面性和系统性能的稳定性。合理的分页策略不仅可以提升用户体验,还可以有效地避免因数据量过大而带来的各种问题和风险。

现在我们已经了解了分页的重要性,那么如何来设计分页呢?这时,我们需要回顾从请求发起到数据返回的整个过程,如图 6-1 所示。

从图 6-1 可以得知,在 SQL 语句处理请求完毕后,数据库、WebApplication 和 Browser 都能进行分页,那在哪里分页好呢?判断的标准是速度。数据库服务器、Web 应用服务器和客

图 6-1　数据查询的原理

户端之间是网络，网络传递的数据量越少，客户端获得响应的速度越快，而且数据库服务器和 Web 应用服务器的处理能力一般比客户端要强得多。从这两点来看，在客户端分页的方案是最不可取的。

下面将对在 Web 应用服务器端分页和在数据库服务器端分页的 2 种方式进行比较。如果选择在 Web 应用服务器端分页，大部分被过滤掉的数据会被传输到 Web 应用服务器端，与其这样，还不如直接在数据库服务器端进行分页。因此，比较好的分页做法是当每次翻页时，只从数据库里检索页面大小的块区数据。虽然每次翻页都需要查询数据库，但这种分页做法查询出的记录数很少，网络传输数据量不大，如果使用连接池，更可以略过最耗时的建立数据库连接的过程。而且在数据库服务器端有各种成熟的优化技术用于提高查询速度，这比在 Web 应用服务器端进行缓存有效得多。

如果通过 JDBC 的方式访问数据库，那么就有必要根据数据库类型采用不同的 SQL 分页语句。对于 MySQL 数据库，可以使用 limit 语句进行分页；而对于 Oracle 数据库，则可以采用 rownum 的方式进行分页。

(1)MySQL 的"limit(m,n)"语句：在 limit 语句的 2 个参数中，参数 m 是起始下标，从 0 开始；参数 n 是返回的记录数。如果需要分页，指定这 2 个值即可。

```
SELECT * FROM xxx LIMIT (pageno-1) * pagesize,pagesize
```

(2)Oracle 数据库的 rownum：在 Oracle 数据库中，分页方式没有 MySQL 的分页方式简单，它需要依靠 rownum 来实现。rownum 表示一条记录的行号，值得注意的是，它在获取每一行后才被赋予。因此，通过指定 rownum 的区间来获取分页数据，这在一层查询语句中是无法做到的，要实现分页，还要进行 1 次查询。

```
SELECT * FROM
(
    SELECT A. * , ROWNUM RN
    FROM (SELECT * FROM TABLE_NAME) A
    WHERE ROWNUM <= 40
)
```

```
WHERE RN >= 21
```

最内层的查询“SELECT * FROM TABLE_NAME”表示不进行翻页的原始查询语句。“ROWNUM <= 40”和“RN >= 21”控制每页分页查询的范围。上述分页查询语句在大多数情况下具有较高的效率。分页的目的就是控制输出结果集的大小，将结果尽快地返回。

选择第 21～40 条记录有 2 种方法：①在查询的第二层通过“ROWNUM <= 40”来控制最大值，在查询的最外层控制最小值；②去掉查询第二层的“WHERE ROWNUM <= 40”语句，在查询的最外层控制分页的最小值和最大值。这时，查询语句如下：

```
SELECT * FROM
(
    SELECT A. * , ROWNUM RN
    FROM (SELECT * FROM TABLE_NAME) A
)
WHERE RN BETWEEN 21 AND 40
```

对比以上 2 种查询语句的写法可知，在绝大多数情况下，第一种查询语句的效率比第二种查询语句高得多。这是由于在 CBO 优化模式下，Oracle 可以将外层的查询条件推到内层查询中，以提高内层查询的执行效率。对于第一种查询语句，第二层的查询条件“WHERE ROWNUM <= 40”就可以被 Oracle 推到内层查询中，这样 Oracle 查询的结果一旦超过了 rownum 的限制条件，就终止查询并将结果返回。在第二种查询语句中，查询条件“BETWEEN 21 AND 40”存在于查询的第三层，而 Oracle 无法将第三层的查询条件推到最内层（即使推到最内层也没有意义，因为最内层查询不知道 RN 代表什么）。因此，对于第二种查询语句，Oracle 最内层返回给中间层的是所有满足条件的数据，而中间层返回给最外层的也是所有数据。数据的过滤在最外层完成，显然效率要比第一种查询低得多。

二、分页技术的代码实现

以 MySQL 数据库为例（Oracle 数据库的写法类似）：

(1)在数据库中创建一张表，以学生表为例，如图 6-2 所示。

(2)创建好学生表后，创建 Web 工程，如图 6-3 所示，并创建包。包主要有 4 个，其作用如下：

①Controller　控制层，用于存放 Servlet 类。

②Dao　持久层接口，用于指定连接数据库的接口方法。其中，dao. impl 为持久层接口实现类，用于实现连接数据库的接口方法，即完成具体的增、删、改、查功能。

③entity　用于存放实体类。

④utils　用于存放工程需要用到的工具类。

注意：在 lib 文件夹中添加 MySQL 的 jar 包，如图 6-4 所示。

(3)创建与学生表对应的实体类 Student。

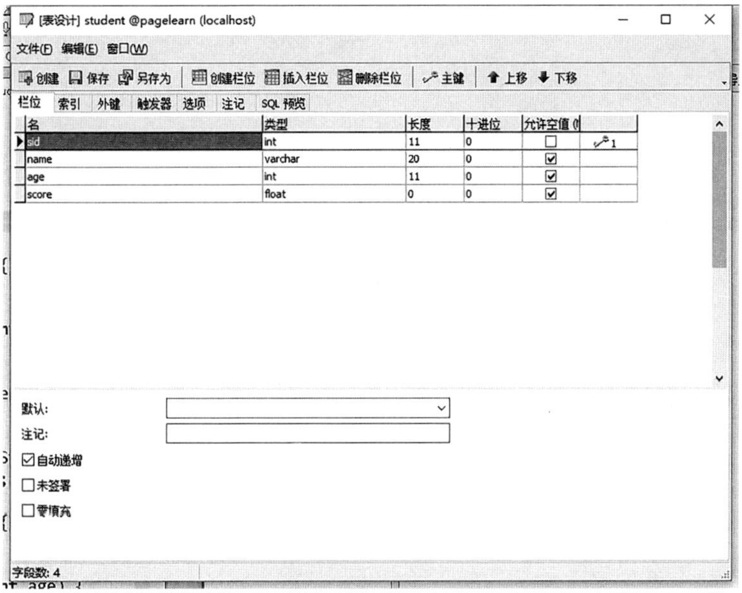

图 6-2　创建学生表

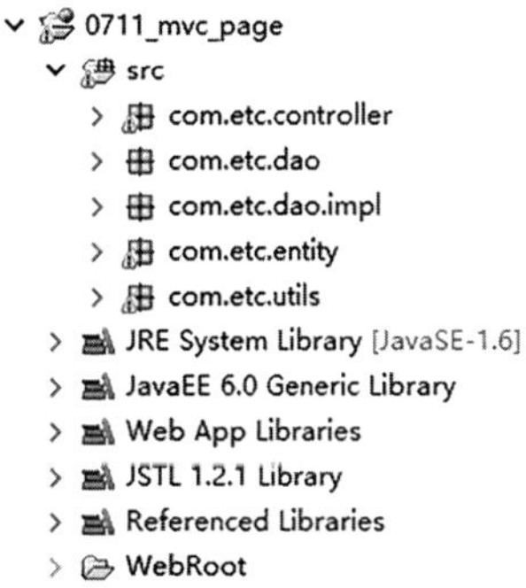

图 6-3　创建 Web 工程

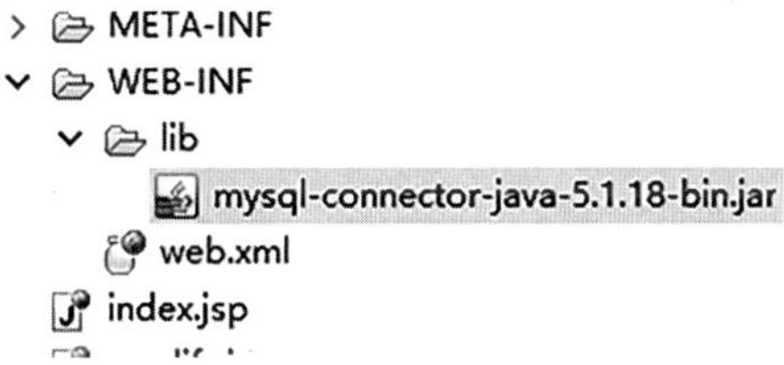

图 6-4　在 lib 文件夹中添加 jar 包

```java
package com.etc.entity;

public class Student {
  private int sid;
  private String name;
  private int age;
  private float score;

  public int getSid() {
    return sid;
  }

  public void setSid(int sid) {
    this.sid = sid;
```

```
    }

    public String getName() {
      return name;
    }
    public void setName(String name) {
      this.name = name;
    }

    public int getAge() {
      return age;
    }

    public void setAge(int age) {
      this.age = age;
    }

    public float getScore() {
      return score;
    }

    public void setScore(float score) {
      this.score = score;
    }

    public Student(int sid, String name, int age, float score) {
      super();
      this.sid = sid;
      this.name = name;
      this.age = age;
      this.score = score;
    }

    public Student() {

    }

}
```

(4)在实现分页的页面上需要显示分页后的数据、当前页码、总页数、每页固定的条数、总记录数等信息。可以根据面向对象的开发思想封装 PageModel 类，用于存放当前页面上显示的信息。代码如下：

```
package com.etc.entity;

import java.util.ArrayList;
import java.util.List;

public class PageModel<T> {
  private List<T> data = new ArrayList();//本页面包含的对象数组

  private int pageno = 1;//当前的页码

  private int pagesize = 5;//每页固定的条数

  private int totalRecordCount;//本表的总记录数,用于后面计算总页数

  private int totalPageCount;//总页数

  public List getData() {
    return data;
  }

  public void setData(List data) {
    this.data = data;
  }
  public int getPageno() {
    return pageno;
  }

  public void setPageno(int pageno) {
    this.pageno = pageno;
  }

  public int getPagesize() {
    return pagesize;
  }

  public void setPagesize(int pagesize) {
    this.pagesize = pagesize;
```

```
    }

    public int getTotalRecordCount() {
      return totalRecordCount;
    }

    public void setTotalRecordCount(int totalRecordCount)    {
      this.totalRecordCount = totalRecordCount;
    }

    public int getTotalPageCount() {
      if(totalRecordCount % pagesize = = 0){//12 每页 3 条,共 4 页
        totalPageCount = totalRecordCount/pagesize;
      }else{
        //13  每页 3 条,共 5 页
        totalPageCount = totalRecordCount/pagesize + 1;      }
      return totalPageCount;
    }

    public void setTotalPageCount(int totalPageCount) {
      this.totalPageCount = totalPageCount;
    }

}
```

属性说明如下:

①data:用于存放当前页面中的分页数据。使用 List 存放是因为可以根据需要设计长度,即长度不确定;使用泛型 T 是由于本数组要实现通用。

②pageno:当前页的页码,默认从第一页开始。

③pagesize:每页固定的记录条数,用于后面计算总页数。

④totalRecordCount:表中记录的条数,用于后面计算总页数。

⑤totalPageCount:总页数。

```
if(totalRecordCount % pagesize = = 0){//12 每页 3 条,共 4 页
    totalPageCount = totalRecordCount/pagesize;
}else{
    //13  每页 3 条,共 5 页
    totalPageCount = totalRecordCount/pagesize + 1;
}
```

注意:总页数 = 表中记录的条数 / 共多少页码。在 getTotalPageCount()方法中,使用了这个公式。

(5)在 utils 包中加入连接数据库的工具类。

```
package com.etc.utils;
import java.sql.Connection;
import java.sql.DriverManager;
import java.sql.PreparedStatement;
import java.sql.ResultSet;
import java.sql.SQLException;
import java.sql.Statement;

/**
 *
 * @author Administrator
 * 工具类 0.1 ,实现简单的查询和更新
 */
public class JDBCUtils
{

  private final static String driver = "com.mysql.jdbc.Driver";
  private final static String url = "jdbc:mysql://127.0.0.1:3306/pagel-
earn";
  private final static String username = "root";
  private final static String password = "123456";

  //1. 获取连接
  private static Connection  getConnection()
  {
    Connection con = null;
    try {
      Class.forName(driver); //主动加载
      con = DriverManager.getConnection(url, username, password);
    } catch (Exception e)
    {
      e.printStackTrace();
    }
    return con;
  }
```

```
//2. 执行查询
//select * from student;
//select * from student where sid = ?
//select * from student where sid = ? and sname like ?
//第一个入参为 SQL 语句,第二个入参为 SQL 中? 对应的字符串数组
public static ResultSet doQuery(String sql,String[] paras)
{
  //1. 获取连接
  Connection con = getConnection();
  if(con = = null)
    return null;

  ResultSet result = null;
  try {
    //2. 创建查询工具类
    PreparedStatement psm = con.prepareStatement(sql);
    //3. 设置? 对应的动态参数
    if (paras ! = null) {
      for (int i = 0; i < paras.length; i + + ) {
        psm.setString(i + 1, paras[i]);//使用数组的第 i 个字符串去代替
第 i 个?
      }
    }
    result = psm.executeQuery();
  } catch (Exception e)
  {
    e.printStackTrace();
  }
  return result;
}

//3. 执行添加、删除和修改,返回影响的行数
public static int doUpdate(String sql,String[] paras)
{
  //1. 获取连接
  Connection con = getConnection();
  if(con = = null)
    return 0;
```

```
        int count = 0; //代表本方法执行后影响的行数
        PreparedStatement psm = null;
        try {
            //2. 创建查询工具类
            psm = con.preparedStatement(sql);
            //3. 设置? 对应的动态参数
            if (paras ! = null) {
                for (int i = 0; i < paras.length; i + + ) {
                    //使用数组的第 i 个字符串去代替第 i 个?
                    psm.setString(i + 1, paras[i]);
                }
            }
            count = psm.executeUpdate();//执行更新,返回影响的行数
        } catch (Exception e) {

            e.printStackTrace();
        }
        finally {
            close(null,psm,con);
        }
        return count;
    }


    //4. 关闭资源
    public static void close(ResultSet rs,Statement sm,Connection con) {
        try {
            if (rs ! = null)
                rs.close();
            if (sm ! = null)
                sm.close();
            if (con ! = null)
                con.close();
        } catch (Exception e) {

        }
    }

}
```

(6) 创建 Dao 层接口及实现类。

创建 Dao 层接口的代码如下：

```
package com.etc.dao;

import com.etc.entity.PageModel;
import com.etc.entity.Student;

public interface StudentDao {
  //public List<Student> findall();
  //获取页面的数据   第 X 页   页数条数
  public PageModel<Student> findByPage(int pageno,int pagesize);

}
```

实现类的代码如下：

```
package com.etc.dao.impl;

import java.sql.ResultSet;
import java.sql.SQLException;
import java.util.ArrayList;
import java.util.List;

import com.etc.dao.StudentDao;
import com.etc.entity.PageModel;
import com.etc.entity.Student;
import com.etc.utils.JDBCUtils;

public class StudentDaoImpl implements StudentDao {

  @Override
  public  PageModel<Student> findByPage(int pageno,int pagesize) {

    //1.确定起点
    int start  = (pageno-1) * pagesize;

    //2.limit 只能用参数传入
    String sql  = "select * from student limit " + start + "," + pagesize;
```

```
    ResultSet result = JDBCUtils.doQuery(sql, null);
    List<Student> list = new ArrayList<Student>();
    try {
      while (result.next()) {
        Student stu = new Student(result.getInt("sid"),
            result.getString("name"),
            result.getInt("age"),
            result.getFloat("score"));
        list.add(stu);
      }
      //3.将查询的当前页面的结果添加至 PageModel
      PageModel<Student> pm = new PageModel<Student>();
      pm.setData(list);
      pm.setPageno(pageno);
      pm.setPagesize(pagesize);
      int count = this.getCount();
      pm.setTotalRecordCount(count);//本表的记录总条数
      return pm;
    } catch (SQLException e) {
      e.printStackTrace();
    }finally{
      try {
        JDBCUtils.close(result, result.getStatement(), result.getState-
ment().getConnection());
      } catch (SQLException e) {
        e.printStackTrace();
      }
    }
    return null;
  }
  //得到本表的总记录条数
  private int getCount() {
    String sql ="select count(1) t from student";
    ResultSet result = JDBCUtils.doQuery(sql, null);
    try {
      if(result.next()){
        return result.getInt("t");
      }
    } catch (SQLException e) {
```

```
        e.printStackTrace();
      }finally{
        try {
          JDBCUtils.close(result, result.getStatement(), result.getState-
ment().getConnection());
        } catch (SQLException e) {
          e.printStackTrace();
        }
      }
      return -1;
    }
}
```

(7)编写 Controller 层的 Servlet,编写查询所有数据的方法。

```
package com.etc.controller;

import java.io.IOException;
import java.io.PrintWriter;
import java.util.List;

import javax.servlet.ServletException;
import javax.servlet.http.HttpServlet;
import javax.servlet.http.HttpServletRequest;
import javax.servlet.http.HttpServletResponse;

import com.etc.dao.StudentDao;
import com.etc.dao.impl.StudentDaoImpl;
import com.etc.entity.PageModel;
import com.etc.entity.Student;

public class StudentServlet extends HttpServlet {

  private StudentDao dao = new StudentDaoImpl();
  public StudentServlet() {
    super();
  }

  public void destroy() {
```

```
        super.destroy(); // Just puts "destroy" string in log
    }

    public void doGet (HttpServletRequest request, HttpServletResponse re-
sponse)
            throws ServletException, IOException {
        doPost(request, response);
    }

    public void doPost (HttpServletRequest request, HttpServletResponse re-
sponse)
            throws ServletException, IOException {
        // 1.中文处理
        request.setCharacterEncoding("utf-8");
        response.setContentType("text/html;charset = utf-8");
        // 2.请求判断
        // 读取 op 请求参数
        String op = request.getParameter("op");
        // 判断请求 op 处理不同的响应
        if("findbypage".equals(op)){
            findbypage(request,response);
        }
    }

    private void findbypage(HttpServletRequest request,
            HttpServletResponse response) throws ServletException, IOException{
        //1.默认值 读取 pageno 和 pagesize 参数
        int pageno = 1;
        int pagesize = 3;
        try {
            pageno = Integer.parseInt(request.getParameter("pageno"));
            pagesize = Integer.parseInt(request.getParameter("pagesize"));
        } catch (Exception e) {
        }

        if(request.getMethod().toUpperCase().equals("GET")&&pagesize>10)
            pagesize = 3;
        //2.调用 Dao 层查询本页面的学生
```

```
    PageModel<Student> pm = dao.findByPage(pageno, pagesize);

    //3.保存在作用域中
    request.setAttribute("pm", pm);

    //4.派发页面
  request.getRequestDispatcher("showlist.jsp").forward(request, response);
  }

  public void init() throws ServletException {

  }
}
```

(8)编写 JSP 页面,结合 EL+<c:foreach>显示信息。

```
<%@ page language="java" import="java.util.*,com.etc.entity.Student"
  pageEncoding="utf-8"%>
<%@ taglib uri="http://java.sun.com/jsp/jstl/core" prefix="c"%>
<%
  String path = request.getContextPath();
  String basePath = request.getScheme() + "://"
      + request.getServerName() + ":" + request.getServerPort()
      + path + "/";
%>

<!DOCTYPE HTML PUBLIC "-//W3C//DTD HTML 4.01 Transitional//EN">
<html>
<head>
<base href="<%=basePath%>">
</head>
<script type="text/javascript">
  function jump() {
    //1.获得输入框的值
    var pageno = document.getElementsByName("topage")[0].value;
    //2.跳转
     window.location.href = "StudentServlet?op=findbypage&pageno=" +
pageno + "&pagesize=3";
  }
```

```
</script>
<body>
  <table border = "1">
    <tr>
      <th>学号</th>
      <th>姓名</th>
      <th>年龄</th>
      <th>分数</th>
      <th>操作</th>
    </tr>
    <c:forEach items = " $ {pm.data}" var = "stu">
      <tr>
        <td> $ {stu.sid }</td>
        <td> $ {stu.name }</td>
        <td> $ {stu.age }</td>
        <td> $ {stu.score}</td>
        <td>
          <a href = "StudentServlet? op = toupdateStu&sid = $ {stu.sid }">
            修改
          </a>
          <a href = "StudentServlet? op = deleteStu&sid = $ {stu.sid }">
            删除
          </a>
        </td>
          </tr>
    </c:forEach>
  </table>
  <br>
  <br> 当前第 $ {pm.pageno} 页,共 $ {pm.totalPageCount} 页
  <br>
<a href = "StudentServlet? op = findbypage&pageno = 1&pagesize = 3">首页</a>

  <c:if test = " $ {pm.pageno>1 }">
  <a
  href = "StudentServlet? op = findbypage&pageno = $ {pm.pageno-1 }&pagesize
= 3">上一页</a>
  </c:if>
  <c:if test = " $ {pm.pageno<pm.totalPageCount }">
  <a
```

```
  href = "StudentServlet? op = findbypage&pageno = ${pm.pageno + 1}&pagesize = 3">下一页</a>
  </c:if>
  <a  href = "StudentServlet? op = findbypage&pageno = ${pm.totalPageCount}&pagesize = 3">末页</a>

  <input type = "text" name = "topage" />
  <input type = "button" value = "跳转" onclick = "javascript:jump()" />
  <br>
  <a href = "StudentServlet? op = findbypage">查询第一页</a>
</body>
</html>
```

注意：第一次访问“http://localhost:8080/0711_mvc_page/showlist.jsp”时，由于没有访问到后台的 Servlet，表格内容的数据为空。页面查询的结果如图 6-5 所示。

图 6-5　页面查询的结果

点击底部的“查询所有”，发起后台 Servlet 请求连接，其运行结果如图 6-6 所示。

图 6-6　所有数据的查询结果

此时，将查询结果与数据库记录进行比较。数据分页已经完成，如图 6-7 所示。

三、分页技术的拓展技术

前面已经通过代码简单地实现了分页。但是每次通过 Servlet 请求取得结果集后，都会转到一个 JSP 页面显示结果，这样每次查询时页面都会刷新。例如，出现结果集后要查看第三

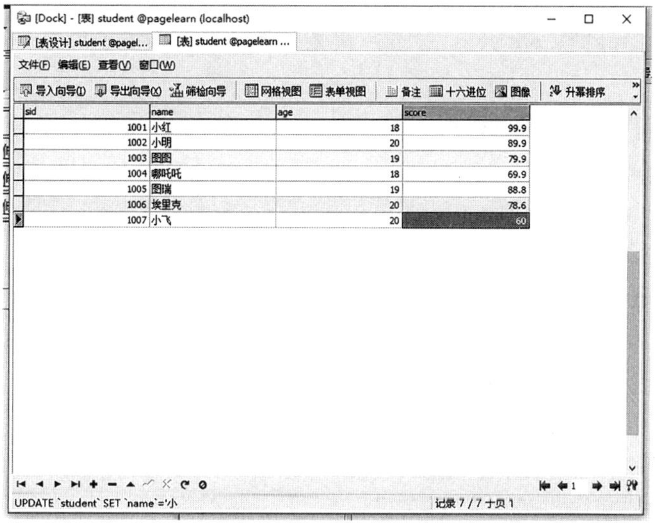

图 6-7 数据分页结果

页，页面就会刷新一下，而理想的效果是，通过条件查询结果集后无论访问哪一页，页面都不会刷新，只是结果集发生变化。使用 Ajax 可以实现上述的效果。

在查询到结果集后，以后每次通过 Ajax 来访问任何一页，可使用异步 Ajax 与 Servlet 进行交互，并将查询结果返回给 Ajax。这时页面内容会因为 Ajax 的返回结果而发生改变，页面却不会刷新，这就实现了无刷新的分页技术。

示例：

```
<script type = "text/javascript" src = "js/jquery-1.7.2.min.js"></script>
  <script type = "text/javascript">
    $(function() {
      //分页的四要素
      var pageIndex = ""; //当前页
      var pageSize = "";//页大小
      var totalPageCount = ""; //总页数
      var totalCountSize = ""; //总记录数

      //用户第一次打开这个 inde.jsp 页面什么数据都没有！但是必须得有!!!
访问后代数据库
      pageInit(pageIndex); // 初始化数据

      function pageInit(pageIndex) {
        $("#one").show();
        $("#back").show();
```

```
        $("#next").show();
        $("#last").show(); //第一次显示所有的超链接

        //使用 Ajax 访问 Servlet
        $.ajax({
          url : "StudentServlet",
          type : "POST",
          data : {"pageIndex" :pageIndex},      //把用户传递的当前页发送给
后台 Servlet
          dataType : "json",
          contentType : "application/x-www-form-urlencoded;charset = utf-8",
        success : callback //调用回调函数
      });

    //data 就是后台传递过来的数据
    //每次都需要清空上次的内容
    $("#tbody").html("");
      $(data).each(
        function() { // each start 回调函数
          if (this.pageUtil ! = null)
{ //给分页四要素赋值
        pageIndex = this.pageUtil.pageIndex;
        pageSize = this.pageUtil.pageSize;
        totalPageCount = this.pageUtil.pageCount;
        totalCountSize = this.pageUtil.totalCount;
    }
      /* 开始给 tbody 拼接
      $("#tbody").append(
      "<tr><td>" + this.sid + "</td> "+ " <td>" + this.name + "
</td> "+ " <td>" + this.age + "</td>"+ " <td>" + this.score + "</
td> </tr> ");
            });
      }
    })
    $("#one").click(function() { //首页
      pageInit(1);
    });
    $("#last").click(function() { //尾页
```

```
      pageInit(totalPageCount);
    });
    $("#back").click(function() { //上一页
      if ((pageIndex - 1) > 0) {
        pageInit(pageIndex - 1);
      } else {
        $("#one").hide();
        $("#back").hide();
      }
    });

    $("#next").click(function() { //下一页
      if ((pageIndex + 1) <= totalPageCount) {
        pageInit(pageIndex + 1);
      } else {
        $("#last").hide();
        $("#next").hide();
      }
    });
  </script>
</body>
</html>
```

将 StudentServlet 的代码改写如下：

```
@Override
  protected void doPost(HttpServletRequest req, HttpServletResponse resp)
      throws ServletException, IOException {
    req.setCharacterEncoding("utf-8");
    resp.setContentType("text/html;charset=utf-8");
    // 调用 service 层的代码,我们没写,直接调用 Dao
    StudentDao dao = new StudentDaoImpl();

    // 获取前台传递的参数
    String num = req.getParameter("pageIndex");
    if (num == null || num == "") {
      num = "1";
    }
```

```
        // 调用后台代码 获取 List 集合
        PageModel<Student> list = dao.findByPage(Integer.parseInt(num),3);
        if (list ! = null) {
          // 需要把 List 整体转换成 Json 格式的数据传递给前台
          Gson gson = new Gson();
          String json = gson.toJson(list);
          System.out.println(json);
          resp.setHeader("content-type", "text/html;charset = utf-8");
          PrintWriter writer = resp.getWriter();
          writer.print(json);
          writer.close();
        }

    }
```

第二节　文件上传

一、文件上传的实现思路

在 Web 应用系统开发中，文件的上传和下载是非常重要和常用的功能之一。用户经常需要上传图片、文档、视频等文件，而服务器端需要接收这些文件并进行处理或存储，以满足业务需求。

在 JavaWeb 中，实现文件上传功能涉及处理 HTTP 请求中的文件数据。通常情况下，浏览器会将文件以流的形式提交到服务器端。直接在 Servlet 中处理这些请求参数并解析文件流是一件相对复杂和烦琐的工作，因此开发者常常选择使用第三方库来简化这一过程。其中，Apache 的开源工具 commons-fileupload 就是一个广泛使用的文件上传组件。这个组件允许开发者轻松地实现文件上传功能，并提供高效和可靠的文件上传解决方案。开发者可以从 Apache 官网下载 commons-fileupload 的 jar 包，也可以在一些基于 Apache Struts 框架的项目中找到它，因为 Apache Struts 框架的文件上传功能就是基于 commons-fileupload 实现的。

要使用 commons-fileupload，还需要依赖 Apache 的另一个开源库 common-io。common-io 提供了一些 I/O 操作的工具类，这些工具类为文件上传组件提供了必要的支持和基础功能。因此，在引入 commons-fileupload 之前，必须确保项目中已包含 common-io。

使用 commons-fileupload 实现文件上传的过程为：在 Servlet 中获取 HTTP 请求，通过 commons-fileupload 解析请求中的文件数据，然后进行存储或进一步的处理。这个过程大大简化了开发者处理文件上传的工作量，同时提供了对文件上传进度、文件大小限制等配置的支持，确保了系统的稳定性和安全性。

commons-fileupload 作为 Apache 提供的文件上传组件，其成熟和稳定的解决方案可以帮助 JavaWeb 开发者实现文件的高效上传。它的广泛应用使开发和维护文件的上传功能变得更加便捷和可靠。

二、文件上传的代码实现

(1)搭建开发环境:创建一个 FileUploadAndDownLoad 项目,加入 Apache commons-fileupload 文件上传组件的相关 jar 包,如图 6-8 所示。

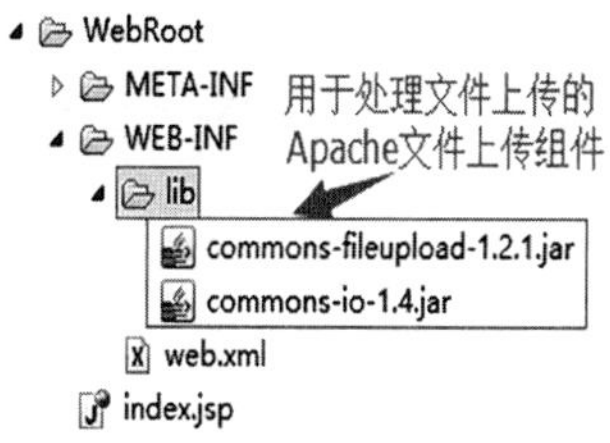

图 6-8 加入 jar 包

(2)编写 JSP 文件上传页面:

①upload. jsp。

```
<body>
  <form action = " $ {pageContext. request. contextPath}/servlet/UploadHan-
dleServlet"
    enctype = "multipart/form-data" method = "post">
    上传用户:<input type = "text" name = "username"><br />
    上传文件 1:<input type = "file" name = "file1"><br />
    上传文件 2:<input type = "file" name = "file2"><br />
    <input type = "submit" value = "提交">
  </form>
</body>
```

②message. jsp。

```
<body>
  上传结果:$ {message}
</body>
```

(3)编写处理文件上传 Servlet:

```
package com. servlet;

import java. io. File;
import java. io. FileOutputStream;
import java. io. IOException;
import java. io. InputStream;
import java. util. List;
import javax. servlet. ServletException;
import javax. servlet. http. HttpServlet;
import javax. servlet. http. HttpServletRequest;
```

```
import javax.servlet.http.HttpServletResponse;
import org.apache.commons.fileupload.FileItem;
import org.apache.commons.fileupload.disk.DiskFileItemFactory;
import org.apache.commons.fileupload.servlet.ServletFileUpload;

public class UploadHandleServlet extends HttpServlet {

  public void doGet(HttpServletRequest request, HttpServletResponse re-
sponse)
      throws ServletException, IOException {
// 得到上传文件的保存目录,将上传的文件存放于WEB-INF目录下,不允许外界直接
访问,保证上传文件的安全
    String savePath = this.getServletContext().getRealPath(
        "/WEB-INF/upload");
    File file = new File(savePath);
    // 判断上传文件的保存目录是否存在
    if (! file.exists() && ! file.isDirectory()) {
      System.out.println(savePath + "目录不存在,需要创建");
      // 创建目录
      file.mkdir();
    }
    // 消息提示
    String message = "";
    try {
      // 使用Apache文件上传组件处理文件上传步骤:
      // 1.创建一个DiskFileItemFactory工厂
      DiskFileItemFactory factory = new DiskFileItemFactory();

      // 2.创建一个文件上传解析器
      ServletFileUpload upload = new ServletFileUpload(factory);
      // 解决上传文件名的中文乱码问题
      upload.setHeaderEncoding("UTF-8");

      // 3.判断提交上来的数据是否为上传表单中的数据
      if (! ServletFileUpload.isMultipartContent(request)) {
        // 按照传统方式获取数据
        return;
      }
```

```
// 4.使用 ServletFileUpload 解析器解析上传数据,解析结果返回的是一个
List<FileItem>集合,每一个 FileItem 对应一个 form 表单的输入项
List<FileItem> list = upload.parseRequest(request);

for (FileItem item : list) {
  // 如果 FileItem 中封装的是普通输入项的数据
  if (item.isFormField()) {
    String name = item.getFieldName();
    // 解决普通输入项数据的中文乱码问题
    String value = item.getString("UTF-8");
    // value = new String(value.getBytes("iso8859-1"),"UTF-8");
    System.out.println(name + "=" + value);
  } else {// 如果 FileItem 中封装的是上传文件
    // 得到上传文件的名称
    String filename = item.getName();
    System.out.println(filename);

    if (filename == null || filename.trim().equals("")) {
      continue;
    }
    // 注意:不同浏览器提交的文件名是不一样的,有些浏览器提交上来的
文件名是带有路径的,如 c:\a\b\1.txt
    // 而有些只是单纯的文件名,如 1.txt
    // 处理获取到的上传文件文件名的路径部分,只保留文件名部分
    filename = filename.substring(filename.lastIndexOf("\\") + 1);
    // 获取 item 中上传文件的输入流
    InputStream in = item.getInputStream();
    // 创建一个文件输出流
     FileOutputStream out = new FileOutputStream(savePath + "\\"
+ filename);
    // 创建一个缓冲区
    byte buffer[] = new byte[1024];
    // 判断输入流中的数据是否已经读完
    int len = 0;
    // 循环将输入流读入缓冲区中,(len = in.read(buffer))>0 就表示 in
里面还有数据
    while ((len = in.read(buffer)) > 0) {
      // 使用 FileOutputStream 输出流将缓冲区的数据写入指定的目录
(savePath + "\\" + filename)
```

```
            out.write(buffer, 0, len);
          }
            // 关闭输入流
            in.close();
            // 关闭输出流
            out.close();
            // 删除处理文件上传时生成的临时文件
            item.delete();
            message = "文件上传成功!";
          }
        }
    } catch (Exception e) {
        message = "文件上传失败!";
        e.printStackTrace();
    }
    request.setAttribute("message", message);
                    request.getRequestDispatcher("/message.jsp").forward
(request, response);
  }

  public void doPost(HttpServletRequest request, HttpServletResponse re-
sponse)
      throws ServletException, IOException {
    doGet(request, response);
  }
}
```

(4)在 web.xml 中注册 Servlet:

```
<servlet>
  <servlet-name>UploadHandleServlet</servlet-name>
  <servlet-class>
    servlet.UploadHandleServlet
  </servlet-class>
</servlet>

<servlet-mapping>
  <servlet-name>UploadHandleServlet</servlet-name>
  <url-pattern>
```

```
        /servlet/UploadHandleServlet
      </url-pattern>
    </servlet-mapping>
```

(5)运行结果：

访问 upload. jsp，浏览器会显示如图 6-9 所示的页面。根据要求，自行填写用户名并选择文件。

信息填写完毕后，点击“提交”，控制台会自动打印，上传文件后控制台的日志如图 6-10 所示。

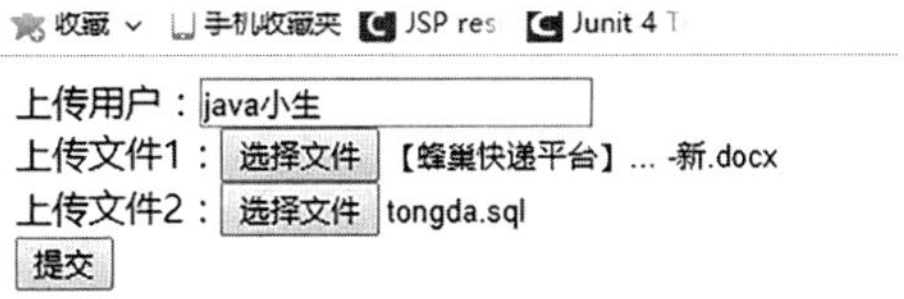

图 6-9　访问 upload. jsp 的页面

```
八月 04, 2019 4:37:51 下午 org.apache.catalina.startup.HostConfig deployDirectory
信息: Deploying web application directory E:\MyEclipse Professional 2014\workspace\.metadata\.me_tcat7\webapps\HelloWorl
八月 04, 2019 4:37:51 下午 org.apache.coyote.AbstractProtocol start
信息: Starting ProtocolHandler ["http-bio-8080"]
八月 04, 2019 4:37:51 下午 org.apache.coyote.AbstractProtocol start
信息: Starting ProtocolHandler ["ajp-bio-8009"]
八月 04, 2019 4:37:51 下午 org.apache.catalina.startup.Catalina start
信息: Server startup in 860 ms
E:\MyEclipse Professional 2014\workspace\.metadata\.me_tcat7\webapps\HelloWorldServlet\WEB-INF\upload目录不存在，需要创建
username=java小生
【蜂巢快递平台】需求文档 -新.docx
tongda.sql
```

图 6-10　上传文件后控制台的日志

这时，控制台已经打印出上传的内容。到服务器的 upload 文件夹下验证文件是否已经上传，服务器上传目录如图 6-11 所示。

图 6-11　服务器上传目录

浏览器显示上传成功，如图 6-12 所示。

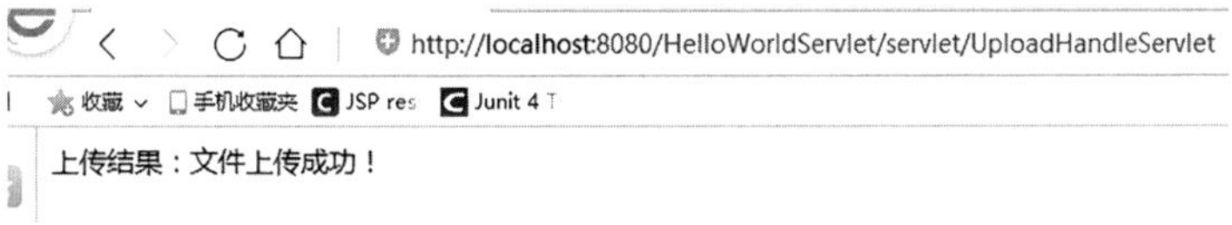

图 6-12　文件上传成功后的页面

三、文件上传的拓展技术

文件上传功能有许多需要注意的小细节，以下列出的几点是需要特别注意的：

(1)为保证服务器的安全，上传文件应该放在外界无法直接访问的目录下，如放于 WEB-INF 目录下；

(2)为防止文件被覆盖的现象发生，要为上传文件产生一个唯一的文件名；

(3)为防止一个目录下出现太多文件,要使用 hash 算法打散存储;

(4)要限制上传文件的最大值;

(5)要限制上传文件的类型,在收到上传文件名时,要判断其后缀名是否合法。

针对上述提出的 5 点问题,可以在代码中进行改进。改进的位置为 UploadHandleServlet,改进后的代码如下:

```
package servlet;

import java.io.File;
import java.io.FileOutputStream;
import java.io.IOException;
import java.io.InputStream;
import java.util.List;
import java.util.UUID;

import javax.servlet.ServletException;
import javax.servlet.http.HttpServlet;
import javax.servlet.http.HttpServletRequest;
import javax.servlet.http.HttpServletResponse;
import org.apache.commons.fileupload.FileItem;
import org.apache.commons.fileupload.FileUploadBase;
import org.apache.commons.fileupload.ProgressListener;
import org.apache.commons.fileupload.disk.DiskFileItemFactory;
import org.apache.commons.fileupload.servlet.ServletFileUpload;

public class UploadHandleServlet extends HttpServlet {

    public void doGet(HttpServletRequest request, HttpServletResponse response)
            throws ServletException, IOException {
                //得到上传文件的保存目录,将上传的文件存放于 WEB-INF 目录下,
不允许外界直接访问,保证上传文件的安全
                String savePath = this.getServletContext().getRealPath("/WEB-
INF/upload");
                //上传时生成的临时文件保存目录
                String tempPath = this.getServletContext().getRealPath("/WEB-
INF/temp");
                File tmpFile = new File(tempPath);
                if (! tmpFile.exists()) {
                    //创建临时目录
```

```
                tmpFile.mkdir();
            }
        //消息提示
            String message = "";
            try{
                //使用 Apache 文件上传组件处理文件上传步骤:
                //1.创建一个 DiskFileItemFactory 工厂
                DiskFileItemFactory factory = new DiskFileItemFactory();
        //设置工厂缓冲区的大小,当上传的文件大小超过缓冲区的大小时,就会生
成一个临时文件,并被存放到指定的临时目录当中。
                factory.setSizeThreshold(1024 * 100);//设置缓冲区的大
小为 100KB,如果不指定,那么缓冲区的大小默认是 10KB
                //设置上传时生成的临时文件的保存目录
                factory.setRepository(tmpFile);
            //2.创建一个文件上传解析器
                ServletFileUpload upload = new ServletFileUpload(fac-
tory);

                //监听文件上传进度
                upload.setProgressListener(new ProgressListener(){
                    public void update(long pBytesRead, long pContent-
Length, int arg2) {
                        System.out.println("文件大小为:" + pContent-
Length + ",当前已处理:" + pBytesRead);
                    }
                });
                //解决上传文件名的中文乱码问题
                upload.setHeaderEncoding("UTF-8");
                //3.判断提交上来的数据是否为上传表单的数据
                if(! ServletFileUpload.isMultipartContent(request)){
                    //按照传统方式获取数据
                    return;
                }

                //设置上传单个文件大小的最大值,目前设置为 1024 *
1024B,也就是 1MB
                upload.setFileSizeMax(1024 * 1024);
                //设置上传文件总量的最大值,最大值 = 同时上传的多个文
件的大小的最大值的和,目前设置为 10MB
```

```
                upload.setSizeMax(1024 * 1024 * 10);
                //4.使用 ServletFileUpload 解析器解析上传数据,解析结
果返回的是一个 List<FileItem>集合,每一个 FileItem 对应一个 form 表单的输
入项
                List<FileItem> list = upload.parseRequest(request);
                for(FileItem item : list){
                    //如果 FileItem 中封装的是普通输入项的数据
                    if(item.isFormField()){
                        String name = item.getFieldName();
                        //解决普通输入项数据的中文乱码问题
                        String value = item.getString("UTF-8");
//value = new String(value.getBytes("iso8859-1"),"UTF-8");
                        System.out.println(name + "=" + value);
                    }else{//如果 FileItem 中封装的是上传文件
                        //得到上传的文件名称
                        String filename = item.getName();
                        System.out.println(filename);
                        if(filename == null || filename.trim().equals
("")){
                            continue;
                        }
//注意:不同浏览器提交的文件名是不一样的,有些浏览器提交上来的文件名是带有
路径的,如: c:\a\b\1.txt;而有些只是单纯的文件名,如:1.txt
//处理获取到的上传文件文件名的路径部分,只保留文件名部分
                            filename = filename.substring(filename.
lastIndexOf("\\") + 1);
                        //得到上传文件的扩展名
                            String fileExtName = filename.substring
(filename.lastIndexOf(".") + 1);

                        //如果需要限制上传的文件类型,那么可以通过文
件的扩展名来判断上传的文件类型是否合法
                          System.out.println("上传的文件的扩展名是:"
+ fileExtName);
                        //获取 item 中的上传文件的输入流
                        InputStream in = item.getInputStream();
                        //得到文件保存的名称
                        String saveFilename = makeFileName(filename);
                        //得到文件的保存目录
```

```
                    String realSavePath = makePath(saveFilename, savePath);
                    //创建一个文件输出流
                    FileOutputStream out = new FileOutputStream(realSavePath + "\\" + saveFilename);
                    //创建一个缓冲区
                    byte buffer[] = new byte[1024];
                    //判断输入流中的数据是否已经读完的标识
                    int len = 0;
                    //循环将输入流读入到缓冲区当中,(len = in.read(buffer))>0 就表示 in 里面还有数据
                    while((len = in.read(buffer))>0){
                        //使用 FilcOutputStrcam 输出流将缓冲区的数据写入到指定的目录(savePath + "\\" + filename)当中
                        out.write(buffer, 0, len);
                    }
                    //关闭输入流
                    in.close();
                    //关闭输出流
                    out.close();
                    //删除处理文件上传时生成的临时文件
                    //item.delete();
                    message = "文件上传成功!";
                }
            }
        }catch (FileUploadBase.FileSizeLimitExceededException e) {
            e.printStackTrace();
            request.setAttribute("message", "单个文件超出最大值!!!");
            request.getRequestDispatcher("/message.jsp").forward(request, response);
            return;
        }catch (FileUploadBase.SizeLimitExceededException e) {
            e.printStackTrace();
            request.setAttribute("message", "上传文件的总的大小超出限制的最大值!!!");
            request.getRequestDispatcher("/message.jsp").forward(request, response);
            return;
```

```
                }catch (Exception e) {
                    message = "文件上传失败!";
                    e.printStackTrace();
                }
                request.setAttribute("message",message);
                 request.getRequestDispatcher("/message.jsp").forward(re-
quest, response);
}

  private String makeFileName(String filename) {
    // 为防止文件覆盖的现象发生,要为上传文件产生一个唯一的文件名
    return UUID.randomUUID().toString() + "_" + filename;
  }

/**
    * 为防止一个目录下面出现太多文件,要使用 hash 算法打散存储
    */
    private String makePath(String filename,String savePath){
        //得到文件名的 hashCode 值,得到的就是 filename 这个字符串对象在内
存中的地址
        int hashcode = filename.hashCode();
        int dir1 = hashcode&0xf;  //0--15
        int dir2 = (hashcode&0xf0)>>4;  //0-15
        //构造新的保存目录
        String dir = savePath + "\\" + dir1 + "\\" + dir2;  //upload\2\3
  upload\3\5
        //File 既可以代表文件,也可以代表目录
        File file = new File(dir);
        //如果目录不存在
        if(! file.exists()){
            //创建目录
            file.mkdirs();
        }
        return dir;
    }

    public void doPost(HttpServletRequest request,   HttpServletResponse
response)
            throws ServletException, IOException {
```

```
        doGet(request, response);
    }
}
```

代码的运行结果同图 6-12 一样。

本章小结

1. 分页的实现主要是利用数据库自带的分页技术。常用的 MySQL 数据库通过 limit 语句进行分页，Oracle 数据库通过 rownum 关键字进行分页。

2. 分页的完全展现需要结合 JavaScript 的 Ajax 实现。

3. 上传功能是 Web 程序中较为常见的功能之一。

4. 上传功能的实现依托 2 个 jar 包：commons-fileupload-1.2.1.jar 和 commons-io-1.4.jar。

练习巩固

1. 模拟 MySQL 的分页原理，用 Oracle 实现改造。

2. 模拟案例，实现个人信息的注册，注册页面包含个人头像的上传。

3. 在第二题的基础上增加“上传信息并保存至数据库中”。

4. 在第三题的基础上增加“跳转至后台管理页面”，实现对所有用户的管理，要求实现分页(MySQL 实现即可)。

5. 自行研究 Web 程序的下载功能。

6. 自行研究现在市场上常用的上传插件，如 webUpload 等。

第七章

JUnit 单元测试

第一节 JUnit 概述

第七章 教学课件(原创)

一、JUnit 简介

JUnit 是 Java 语言中广泛使用的单元测试框架，它的历史可以追溯到 Kent Beck 和 Erich Gamma 创建的 sUnit 项目。作为 xUnit 家族的一部分，JUnit 在 Java 开发社区中得到了广泛的认可和应用，成为标准的单元测试工具之一。

JUnit 的设计目的是支持回归测试（Regression Testing），这种测试类型旨在确保软件在经过修改后仍然能够按照预期工作，不引入新的错误或问题。在软件开发过程中，特别是在敏捷开发和持续集成中，JUnit 被广泛应用于自动化测试的实践中。

JUnit 的核心理念是提供一种简单且有效的方法来编写、运行和组织单元测试。开发者可以创建继承自 TestCase 类的测试类，然后在这些类中编写测试方法。这些方法通过 JUnit 提供的断言（Assertions）来验证预期的行为和结果。如果测试失败，JUnit 会提供清晰的错误信息和报告，帮助开发者快速定位和修复问题。

JUnit 的使用方式灵活且易于理解，它与主流的集成开发环境（IDE），如 Eclipse、IntelliJ IDEA 等深度集成，使开发者能够轻松地创建、运行和管理测试套件。JUnit 还支持测试运行器（Test Runners）和测试套件（Test Suites），能够批量执行测试并生成详细的测试结果报告。

除了基本的单元测试功能外，JUnit 还拥有丰富的扩展生态圈。开发者可以通过各种 JUnit 扩展来增强测试的覆盖范围，提高测试效率，并支持特定的测试需求。JUnit Jupiter 是 JUnit 5 引入的新扩展模型，它提供了更多现代化和灵活的测试特性，如参数化测试、动态测试注册和扩展模型等。

JUnit 不仅是一个单元测试工具，它还代表了一种测试驱动开发（Test-Driven Development，TDD）和行为驱动开发（Behavior-Driven Development，BDD）的实践理念。JUnit 通过自动化测试来提升软件质量，减少错误，并促进团队协作和持续集成的实施。在 Java 开发中，掌握和应用 JUnit 是提高代码可靠性和开发效率的重要一环。

二、JUnit 插件的安装使用

JUnit 插件的安装使用教学视频

在 MyEclipse 中配置 JUnit 的方法有 2 种。

(一)第一种方法

选择要使用的 JUnit 的 project 名称,依次点击“Properties”“Build Path”“Add Libraries”,如图 7-1 所示;在弹出的对话框中选择“JUnit”,如图 7-2 所示;接下来选择 JUnit 的版本,点击“Finish”即可,如图 7-3 所示。

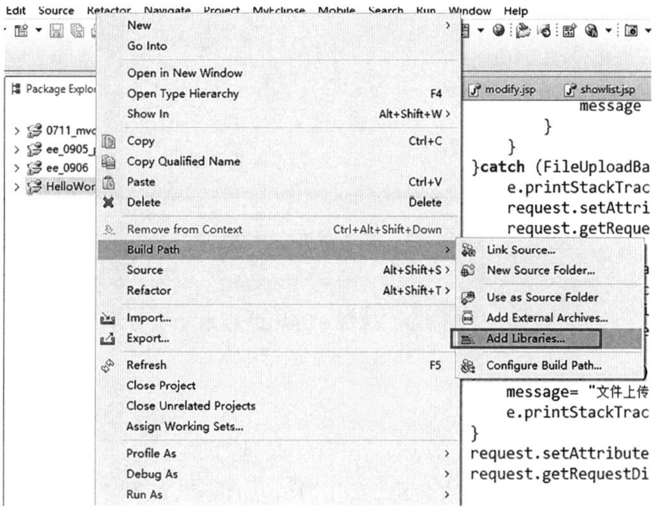

图 7-1 添加库

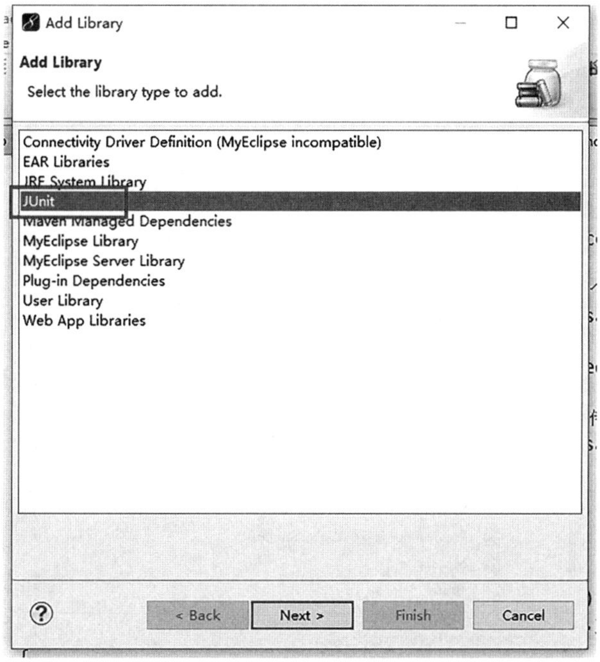

图 7-2 选择 JUnit

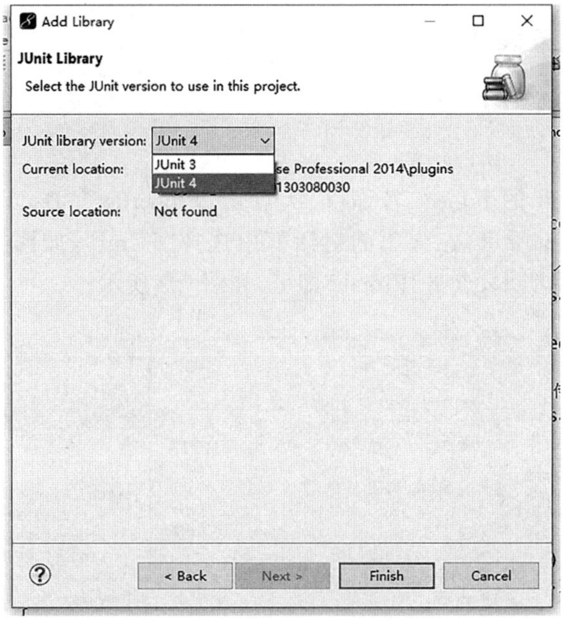

图 7-3　选择 JUnit 的版本

(二)第二种方法

(1)下载 JUnit 的 jar 包,可以从 www. junit. org 上下载。

(2)选择要使用的 JUnit project 的名称,点击“Properties”,如图 7-4 所示;然后依次点击“Java Build Path”“Libraries”和“Add External JARs”,如图 7-5 所示;选择相应的 JUnit 的 jar 包,如图 7-6 所示。

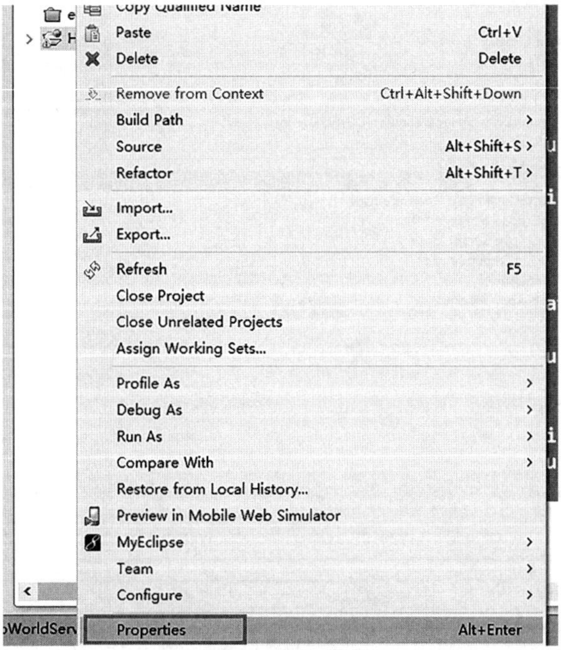

图 7-4　点击“Properties”

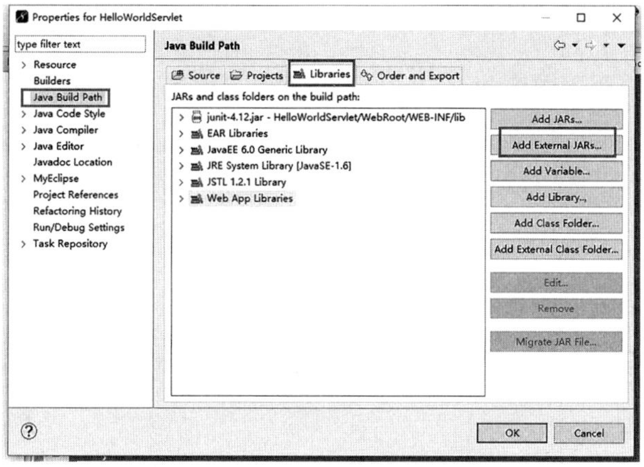

图 7-5 点击“Add External JARs”

图 7-6 选择本地 jar 包

注解说明见表 7-1。

表 7-1 注解说明

注解	说明
@Before	初始化方法
@After	释放资源
@Test	测试方法,可以测试期望异常和超时时间
@Ignore	忽略的测试方法
@BeforeClass	针对所有测试,只执行 1 次,且必须为 static void
@AfterClass	针对所有测试,只执行 1 次,且必须为 static void
@RunWith	指定测试类使用某个运行器
@Parameters	指定测试类的测试数据集合
@Rule	允许灵活添加或重新定义测试类中每个测试方法的行为
@FixMethodOrder	指定测试方法的执行顺序

一个测试类单元测试的执行顺序为:@BeforeClass -> @Before -> @Test -> @After -> @AfterClass。

每一个测试方法的调用顺序为:@Before -> @Test -> @After。

示例:

```
package com.test;

import static org.junit.Assert.*;
import org.junit.*;


public class TestDemo {

  @BeforeClass
  public static void setUpBeforeClass() throws Exception  {
    System.out.println("in BeforeClass================");
  }

  @AfterClass
  public static void tearDownAfterClass() throws  Exception {
   System.out.println("in AfterClass=================");
  }

  @Before
  public void before() {
    System.out.println("in Before");
  }

  @After
  public void after() {
    System.out.println("in After");
  }

  @Test(timeout = 10000)
  public void testadd() {
    JDemo a = new JDemo();
    assertEquals(6, a.add(3, 3));
    System.out.println("in Test----Add");
  }
```

```
    @Test
    public void testdivision() {
      JDemo a = new JDemo();
      assertEquals(3, a.division(6, 2));
      System.out.println("in Test - -- -Division");
    }

  @Ignore
    @Test
    public void test_ignore() {
      JDemo a = new JDemo();
      assertEquals(6, a.add(1, 5));
      System.out.println("in test_ignore");
    }

    @Test
    public void teest_fail() {
      fail();
    }

  class JDemo extends Thread {

    int result;

    public int add(int a, int b) {
      try {
        sleep(1000);
        result = a + b;
      } catch (InterruptedException e) {
      }
      return result;
    }

    public int division(int a, int b) {
      return result = a / b;
    }
  }
```

示例代码的运行结果如图 7-7 所示。

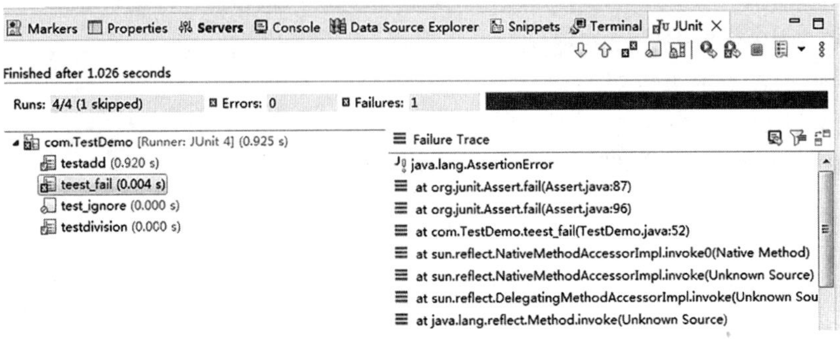

图 7-7　示例代码的运行结果

由图 7-7 可知，在 JUnit 的运行结果中，4 个运行成功(1 个被忽略)，0 个运行错误，1 个运行失败。注意：错误和失败不同，错误说明代码有错误，而失败则表示该测试方法测试失败。通过图 7-7 可以看到各个测试方法的运行状态，包括成功、错误和失败，且三者的图标是不一样的；还可以看到运行时间和异常堆栈，其中异常堆栈用于查看异常信息。

三、JUnit 4 的特性

JUnit 设计的目的是有效地理解编程人员的代码意图，然后快速检查代码与意图是否相匹配。JUnit 4.4 就是为了能够更好地达到这个目的而出现的。

JUnit 4.4 主要提供以下 3 大方面的新特性来更好地理解编程人员的代码意图：

(1)新的断言语法(Assertion syntax)——assertThat；

(2)假设机制(Assumption)；

(3)理论机制(Theory)。

第二节　JUnit 与断言

一、了解断言

JUnit 4 提供了丰富的断言方法，用于验证测试方法的期望结果和实际返回值是否符合预期。这些断言方法都包含在 org.junit.Assert 类中，开发者可以利用这些方法来编写详尽的单元测试。通过断言方法，可以检查例如相等性 (assertEquals)、不相等性 (assertNotEquals)、真假值 (assertTrue、assertFalse)、对象引用 (assertNull、assertNotNull) 等条件。JUnit 的断言方法不仅能帮助开发者验证代码的正确性，还能提供清晰的测试失败信息，帮助开发者快速定位问题并对问题进行修复。

二、JUnit 的断言方法

(一)常用方法

常用的断言方法见表 7-2。

表 7-2 常用的断言方法

方法	说明
assertNull(java. lang. Object object)	检查对象是否为空
assertNotNull(java. lang. Object object)	检查对象是否不为空
assertEquals(long expected，long actual)	检查 long 类型的值是否相等
assertEquals(double expected，double actual，double delta)	检查指定精度的 double 值是否相等
assertFalse(boolean condition)	检查条件是否为假
assertTrue(boolean condition)	检查条件是否为真
assertSame (java. lang. Object expected，java. lang. Object actual)	检查 2 个对象是否引用同一对象
assertNotSame(java. lang. Object unexpected，java. lang. Object actual)	检查 2 个对象是否不引用同一对象(即对象不等)

(二)示例

```
package com.test;
import static org.junit.Assert.*;

import java.util.ArrayList;
import java.util.List;
import org.junit.Test;

public class AssertionsTest {

    @Test
    public void testAssertNull() {
        String str = null;
        assertNull(str);
    }

    @Test
    public void testAssertNotNull() {
        String str = "hello Java!!";
        assertNotNull(str);
    }

    @Test
    public void testAssertEqualsLong() {
        long long1 = 2;
```

```
        long long2 = 2;
        assertEquals(long1, long2);
    }

    @Test
    public void testAssertEqualsDouble() {
        double double1 = 1.236;
        double double2 = 1.237;
        double delta = 0.002;
        assertEquals(double1, double2, delta);
    }

    @Test
    public void testAssertTrue() {
        List<String> list = new ArrayList<String>();
        assertTrue(list.isEmpty());
    }

    @Test
    public void testAssertFalse() {
        List<String> list = new ArrayList<String>();
        list.add("hello");
        assertFalse(list.isEmpty());
    }

    @Test
    public void testAssertSame() {
        String str1 = "hello world!!";
        String str2 = "hello world!!";
        assertSame(str2, str1);
    }

    @Test
    public void testAssertNotSame() {
        String str1 = "hello world!!";
        String str3 = "hello Java!!";
        assertNotSame(str1, str3);
    }
}
```

常用断言方法示例代码的运行结果如图 7-8 所示。

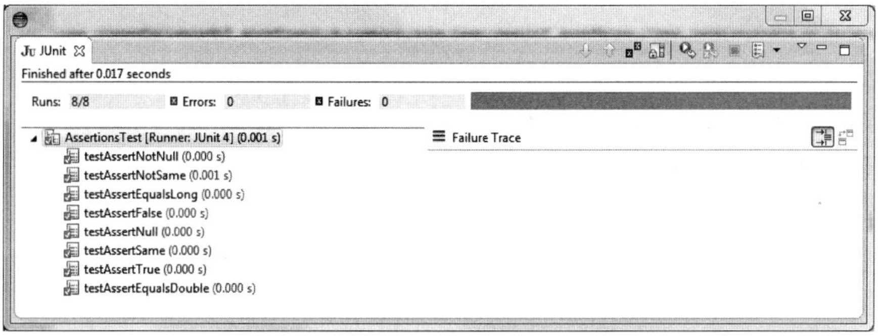

图 7-8　常用断言方法示例代码的运行结果

(三)注意事项

在实际开发过程中,JUnit 官方提供的 Assert API 的可读性较差,所以不推荐使用 Assert,而推荐使用 Assertj。Assertj 的网站为"http://joel-costigliola.github.io/assertj/"。

下面介绍通过 Assertj 实现断言的几个案例(需要引入 assertj-core-2.4.0.jar 包):

(1)对字符串进行断言:

```
@Test
public void testString() {
  String str = null;
  // 断言 null 或为空字符串
  assertThat(str).isNullOrEmpty();

  // 断言 空字符串
  assertThat("").isEmpty();

  // 断言 字符串相等 断言忽略大小写判断字符串相等
  assertThat("Frodo").isEqualTo("Frodo").
  isEqualToIgnoringCase("frodo");

  // 断言 开始字符串 结束字符串 字符串长度
  assertThat("Frodo").startsWith("Fro").
  endsWith("do").hasSize(5);

  // 断言 包含字符串 不包含字符串
  assertThat("Frodo").contains("rod").
  doesNotContain("fro");
```

```
// 断言 字符串只出现过 1 次
assertThat("Frodo").containsOnlyOnce("do");

// 判断正则匹配
assertThat("Frodo").matches("..o.o").
doesNotMatch(".*d");
```

(2)对数字进行断言：

```
@Test
public void testNumber() {
    Integer num = null;

    // 断言 空
    assertThat(num).isNull();

    // 断言 相等
    assertThat(42).isEqualTo(42);

    // 断言 大于 大于等于
    assertThat(42).isGreaterThan(38).
    isGreaterThanOrEqualTo(38);

    // 断言 小于 小于等于
    assertThat(42).isLessThan(58).
    isLessThanOrEqualTo(58);

    // 断言 0
    assertThat(0).isZero();

    // 断言 正数 非负数
    assertThat(1).isPositive().isNotNegative();

    // 断言 负数 非正数
    assertThat(-1).isNegative().isNotPositive();
}
```

(3)对日期进行断言：

```
@Test
public void testDate() {
    // 断言 与指定日期相同 不相同 在指定日期之后 在指定日期之前
    assertThat(Dates.parse("2014-02-01")).
    isEqualTo("2014-02-01").isNotEqualTo("2014-01-01")
    isAfter("2014-01-01").isBefore(parse("2014-03-01"));

    // 断言 2014 在指定年份之前 在指定年份之后
    assertThat(DateTime.now().toDate()).
    isBeforeYear(2020).isAfterYear(2013);

    // 断言 时间在指定范围内 不在指定范围内
    assertThat(parse("2014-02-01")).
    isBetween("2014-01-01", "2014-03-01").
    isNotBetween(parse("2014-02-02"),
    parse("2014-02-28"));

    // 断言 两时间相差 100 毫秒
    Date d1 = new Date();
    Date d2 = new Date(d1.getTime() + 100);
    assertThat(d1).isCloseTo(d2, 100);
    // sets dates differing more and more from date1
    Date date1 = Dates.parseDatetimeWithMs("2003-01-01T01:00:00.000");

    Date date2 =
    parseDatetimeWithMs("2003-01-01T01:00:00.555");
    Date date3 =
    parseDatetimeWithMs("2003-01-01T01:00:55.555");

    Date date4 =
    parseDatetimeWithMs("2003-01-01T01:55:55.555");
    Date date5 =
    parseDatetimeWithMs("2003-01-01T05:55:55.555");
    // 断言 日期忽略毫秒,与给定的日期相等
    assertThat(date1).isEqualToIgnoringMillis(date2);

    // 断言 日期与给定的日期具有相同的年月日时分秒
    assertThat(date1).isInSameSecondAs(date2);
```

```
    // 断言 日期忽略秒,与给定的日期时间相等
    assertThat(date1).isEqualToIgnoringSeconds(date3);

    // 断言 日期与给定的日期具有相同的年月日时分
    assertThat(date1).isInSameMinuteAs(date3);

    // 断言 日期忽略分,与给定的日期时间相等
    assertThat(date1).isEqualToIgnoringMinutes(date4);

    // 断言 日期与给定的日期具有相同的年月日时
    assertThat(date1).isInSameHourAs(date4);

    // 断言 日期忽略小时,与给定的日期时间相等
    assertThat(date1).isEqualToIgnoringHours(date5);

    // 断言 日期与给定的日期具有相同的年月日
    assertThat(date1).isInSameDayAs(date5);
}
```

(4)对 List 进行断言:

```
@Test
  public void testList() {
    // 断言 列表是空的
    assertThat(new ArrayList()).isEmpty();

    // 断言 列表的开始 结束元素
    assertThat(new ArrayList(1, 2,3)).
    startsWith(1).endsWith(3);

    // 断言 列表包含元素 并且是排序的
    assertThat(new ArrayList(1, 2, 3)).
    contains(1, atIndex(0)).contains(2, atIndex(1)).
    contains(3).isSorted();

    // 断言 被包含于给定列表
    assertThat(new ArrayList(3, 1, 2)).
    isSubsetOf(new ArrayList(1, 2, 3, 4));
```

```
    // 断言 存在唯一元素
    assertThat(Lists.newArrayList("a", "b"
    , "c")).containsOnlyOnce("a");
}
```

(5)对 Map 进行断言：

```
@Test
public void testMap() {
    Map<String, Object> foo = Maps.newHashMap();
    foo.put("A", 1);
    foo.put("B", 2);
    foo.put("C", 3);

    // 断言 Map 不为空 size
    assertThat(foo).isNotEmpty().hasSize(3);

    // 断言 Map 包含元素
    assertThat(foo).contains(entry("A", 1), entry("B", 2));

    // 断言 Map 包含 key
    assertThat(foo).containsKeys("A", "B", "C");

    // 断言 Map 包含 value
    assertThat(foo).containsValue(3);
}
```

(6)对 Class 进行断言：

```
@Test
public void testClass() {

    // 断言 是注解
    assertThat(Magical.class).isAnnotation();

    // 断言 不是注解
    assertThat(Ring.class).isNotAnnotation();

    // 断言 存在注解
```

```
        assertThat(Ring.class).hasAnnotation(Magical.class);

        // 断言 不是借口
        assertThat(Ring.class).isNotInterface();

        // 断言 是否为指定 Class 实例
        assertThat("string").isInstanceOf(String.class);

        // 断言 类是给定类的父类
        assertThat(Person.class).isAssignableFrom(Employee.class);
    }
```

(7)对 fail 进行断言：

```
    @Test
    public void testFail() {
        try {
            fail("在不检查任何条件的情况下使断言失败。显示一则消息");
        } catch (AssertionError ae) {
            System.out.println(ae);// 会有输出
        }

        try {
            failBecauseExceptionWasNotThrown(RuntimeException.class);
        } catch (AssertionError ae) {
            System.out.println(ae);// 会有输出
        }
    }
```

(8)对 exception 进行断言：

```
    // 该例子来源于官网
    @Test
    public void testException() {

        assertThatExceptionOfType(IOException.class).isThrownBy(()
            -> { throw new IOException("boom!"); })
            .withMessage("boom!")
            .withMessageContaining("oom")
```

```
        .withMessage("%s!", "boom")
        .withStackTraceContaining("IOException")
        .withNoCause();
}
```

注意:对于 exception,官方定义需要使用 JDK8。

第三节 案例实现

一、异常测试

开发者在进行单元测试时,经常需要验证代码在特定条件下是否能正确地抛出预期的异常。在 Java 语言中,JUnit 作为一套标准的单元测试框架,提供了多种机制来验证异常的抛出情况。通过 JUnit 的注解和断言方法,开发者可以明确地指定一个测试方法是否会抛出特定的异常,并且可以进一步验证异常类型、消息内容等细节。例如,JUnit 提供了 @Test 注解中的 Expected 属性,用于声明预期抛出的异常类;使用 assertThrows 方法可以在测试中捕获并验证方法的调用是否会引发异常。这些机制确保代码在面对异常情况时能够正确地处理和报告异常信息,提高了代码的健壮性和可靠性。

标准 JUnit 的 org.junit.Test 注解提供了 Expected 属性,该属性可以用于指定一个 Throwable 类型。如果方法调用抛出了异常,这条测试用例即为通过。在很多情况下,使用 Expected 属性可以解决很多问题,但是如果想验证异常信息,就需要通过 ExpectedException 来实现。

在下面的代码中,抛出的异常中包含的指定信息是期望得到的结果。和只匹配类型相比,这样做更安全。这是为什么呢?假设有一个 ExceptionThrower:

```
package testJunit;

import org.junit.Rule;
import org.junit.Test;
import org.junit.rules.ExpectedException;


public class ExpectedExceptionsTest {
  @Rule
  public ExpectedException thrown = ExpectedException.none();

  @Test
  public void verifiesTypeAndMessage() {
    thrown.expect(RuntimeException.class);
```

```
        thrown.expectMessage("Runtime exception occurred");
        throw new RuntimeException("Runtime exception occurred");
    }
}

class ExceptionsThrower {
    void throwRuntimeException(int i) {
        if (i <= 0) {
            throw new RuntimeException("Illegal argument: i must be <= 0");
        }
        throw new RuntimeException("Runtime exception occurred");
    }
}
```

从以上代码可以看到，抛出的 2 个异常都是 RuntimeException。因此，如果不检查异常信息，就无法确定抛出的异常到底是哪一个。那么，下面这个测试用例就会通过了：

```
@Test
public void runtimeExceptionOccurs() {
  thrown.expect(RuntimeException.class);
  // opposite to expected
  exceptionsThrower.throwRuntimeException(0);
}

@Test
public void illegalArgumentExceptionOccurs() {
  thrown.expect(RuntimeException.class);
  // opposite to expected
  exceptionsThrower.throwRuntimeException(1);
}
```

检查异常信息就会解决上述问题，从而确保获取开发者想要的异常。当想验证的异常信息非常复杂时，ExpectedException 可以传送一个 Hamcrest 匹配器(Matcher)给 expectMessage()方法。来看下面的例子：

```
@Test
public void verifiesMessageStartsWith() {
  thrown.expect(RuntimeException.class);
```

```
  thrown.expectMessage(startsWith("Illegal argument:"));
  throw new RuntimeException("Illegal argument: i must be <= 0");
}
```

二、字符串截取测试

示例：

在Java中，字符串“abcd”与字符串“ab你好”的长度一样，都是4个字符，但对应的字节数不同，1个汉字占2个字节。

定义一个方法，按照指定的字节数获取子字符串。例如，对于“ab你好”，如果取3个字节，那么子字符串就是“ab”与半个“你”字，另外半个“你”字就要舍弃；如果取4个字节，就是“ab你”；如果取5个字节，子字符串还是“ab你”。代码如下：

```
/**
 * 思路:从第 len 个往前数,将连续 2 的倍数个负数全部输出,单数个则去掉,将最后
一个输出
 *
 * @param str
 * @param len
 * @return
 */
private static String StringCutByGBK(String str, int len) {
  byte[] bs = null;
  try {
    int count = 0;
    bs = str.getBytes("GBK");
    for (int i = len - 1; i >= 0; i--) {
      if (bs[i] < 0) {
        count++;
      } else {
        break;
      }
      // 0 1 2 3 4 5 6 7 8 9 10 11 12
    } // -60 -29 -70 -61 -80 -95 97 98 99 -76 -17 -72 -25
    if (count % 2 == 0) {
      String s = new String(bs, 0, len, "GBK");
      System.out.println("截取" + len + "个字符:" + s);
    } else {
      String s = new String(bs, 0, len - 1, "GBK");
      System.out.println("截取" + len + "个字符:" + s);
```

```
        }
    } catch (UnsupportedEncodingException e) {
        e.printStackTrace();
    }

    return null;
}

@Test
public void analyze() {
    String str1 = "你好 abc";
    byte[] bs1 = null;
    byte[] bs2 = null;

    try {
        bs1 = str1.getBytes("GBK");
        System.out.println("- --GBK- --");

        for (byte b : bs1) {
            System.out.print(b + " ");
        }

        System.out.println();
        // -60 -29 -70 -61 97 98 99
        // 发现规律,在 GBK 中一个中文汉字 都是以 2 个字节 小于 0 的数存储
        bs2 = str1.getBytes("utf-8");
        System.out.println("- --utf-8- --");

        for (byte b : bs2) {
            System.out.print(b + " ");
        }
        // -28 -67 -96 -27 -91 -67 97 98 99
        // 发现规律,在 utf-8 中一个中文汉字 是以 3 个字节 小于 0 的数存储
    } catch (UnsupportedEncodingException e) {
        e.printStackTrace();
    }
}

/**
 * 思路:从第 len 个往前数,将连续 3 的倍数个负数全部输出,其他情况则去掉,将最
后 count % 3 个输出
```

```
 *
 * @param str
 * @param len
 * @return
 */
private static String StringCutByUTF8(String str, int len) {
  byte[] bs = null;
  try {
    int count = 0;
    bs = str.getBytes("UTF-8");
    for (int i = len - 1; i >= 0; i--) {
      if (bs[i] < 0) {
        count++;
      } else {
        break;
      }
    }
    // 0 1 2 3 4 5 6 7 8 9 10 11 12
    // -60 -29 -70 -61 -80 -95 97 98 99 -76 -17 -72 -25
    if (count % 3 == 0) {
      String s = new String(bs, 0, len, "UTF-8");
      System.out.println("截取" + len + "个字符:" + s);
    } else {
      String s = new String(bs, 0, len - count % 3, "UTF-8");
      System.out.println("截取" + len + "个字符:" + s);
    }
  } catch (UnsupportedEncodingException e) {
    e.printStackTrace();
  }

  return null;
}
  @Test
  public void TEST() {
    String str = "你好啊abc达哥";
    try {
      System.out.println("---测试gbk---");
      byte bs[] = str.getBytes("GBK");
      for (int i = 0; i <= bs.length; i++) {
        // System.out.print(bs[i] + " ");
        StringCutByGBK(str, i);
```

```
        }

        System.out.println("- --测试 UTF-8- --");
        byte bs2[] = str.getBytes("utf-8");
        for (int i = 0; i < = bs2.length; i + + ) {
          // System.out.print(bs[i] + " ");
          StringCutByUTF8(str, i);

        }
      } catch (UnsupportedEncodingException e) {
        // TODO Auto-generated catch block
        e.printStackTrace();
      }

    }

  }
```

测试 GBK 的结果如图 7-9 所示。

测试 utf-8 的结果如图 7-10 所示。

```
---测试gbk---
截取0个字符：
截取1个字符：
截取2个字符：你
截取3个字符：你
截取4个字符：你好
截取5个字符：你好
截取6个字符：你好啊
截取7个字符：你好啊d
截取8个字符：你好啊df
截取9个字符：你好啊dfd
截取10个字符：你好啊dfdx
截取11个字符：你好啊dfdxc
截取12个字符：你好啊dfdxcv
截取13个字符：你好啊dfdxcvx
截取14个字符：你好啊dfdxcvxJ
截取15个字符：你好啊dfdxcvxJa
截取16个字符：你好啊dfdxcvxJav
截取17个字符：你好啊dfdxcvxJava
截取18个字符：你好啊dfdxcvxJava
截取19个字符：你好啊dfdxcvxJava小
截取20个字符：你好啊dfdxcvxJava小
截取21个字符：你好啊dfdxcvxJava小生
```

图 7-9 测试 GBK 的结果

```
截取3个字符：你
截取4个字符：你
截取5个字符：你
截取6个字符：你好
截取7个字符：你好
截取8个字符：你好
截取9个字符：你好啊
截取10个字符：你好啊d
截取11个字符：你好啊df
截取12个字符：你好啊dfd
截取13个字符：你好啊dfdx
截取14个字符：你好啊dfdxc
截取15个字符：你好啊dfdxcv
截取16个字符：你好啊dfdxcvx
截取17个字符：你好啊dfdxcvxJ
截取18个字符：你好啊dfdxcvxJa
截取19个字符：你好啊dfdxcvxJav
截取20个字符：你好啊dfdxcvxJava
截取21个字符：你好啊dfdxcvxJava
截取22个字符：你好啊dfdxcvxJava
截取23个字符：你好啊dfdxcvxJava小
截取24个字符：你好啊dfdxcvxJava小
截取25个字符：你好啊dfdxcvxJava小
截取26个字符：你好啊dfdxcvxJava小生
```

图 7-10 测试 utf-8 的结果

本章小结

1. JUnit 是 Java 语言中广泛使用的单元测试框架。

2. JUnit3 和 JUnit4 的比较见表 7-3。

表 7-3 JUnit3 和 JUnit4 的比较

JUnit3	JUnit4
需要在测试函数前面加上@Test	测试类需要继承 TestCase
每个测试函数之前 setUp 执行	不需要继承任何类
@Before	测试函数约定：public、void、test 开头、无参数
@After	每个测试函数之前 setUp 执行
@BeforeClass 和@AfterClass	每个测试函数之后 tearDown 执行
	没有类加载时执行的函数

3. 注解。

①@BeforeClass：测试类最开始执行的方法，并且只执行 1 次；

②@AfterClass：测试类最后执行的方法，并且只执行 1 次；

③@Before：每个测试方法都会在执行之前调用 1 次的方法；

④@After：每个测试方法都会在执行之后调用 1 次的方法；

⑤@Ignore：暂时不执行的测试，在测试类执行时不会被调用；

⑥@Test：普通测试；

⑦@Test(timeout=long)：超时测试；

⑧@Test(expected=Exception)：预期异常的测试，该注解修饰的方法抛出预期的异常，则为正确，反之则会报错。

①～④注解修饰的方法均需要抛出 exception 异常。

4. JUnit 的 Assert 方法全部被放在 Assert 类中，Assert 类中 Assert 方法的分类如下：

①assertTrue/False([String message,]boolean condition)：判断一个条件是 true 还是 false。

②fail([String message,])：失败时，可以输出失败消息，也可以不输出失败消息。

③assertEquals([String message,]Object expected,Object actual)：判断期望值与实际值是否相等，可以指定输出错误信息。第一个参数是期望值，第二个参数是实际值。

④assertNotNull/Null([String message,]Object obj)：判断一个对象是否为非空或空。

⑤assertSame/NotSame([String message,]Object expected,Object actual)：判断 2 个对象是否指向同一个对象。

⑥failNotSame/failNotEquals(String message, Object expected, Object actual)：当 2 个对象不指向同一个内存地址或者参数值不相等的时候，输出错误信息。注意信息是必需的，而且输出过程是经过格式化的。

练习巩固

1. 通过注解实现 JUnit 各注解的运行。

2. 使用 Assertj 断言对商城后台商品的评论管理进行测试。

第八章 综合案例——物流管理平台

第一节 熟识 MVC 模式

第八章 教学课件(原创)

一、MVC 的定义

MVC 的全称是 Model View Controller,是模型(Model)-视图(View)-控制器(Controller)的缩写,是一种软件设计典范。MVC 使用一种业务逻辑、数据、界面显示相分离的方法组织代码,将业务逻辑聚集到一个部件里,在改进和个性化定制界面及用户交互的同时,不需要重新编写业务逻辑。MVC 用于在一个逻辑的图形化用户界面结构中映射传统的输入、处理和输出功能。

二、MVC 的原理

MVC 开始存在于桌面程序中,使用 MVC 的目的在于将 M 和 V 的代码实现分离,从而使同一个程序可以使用不同的表现形式。例如,在 Windows 系统资源管理器文件夹内容的显示方式中,左边为详细信息显示方式,右边为中等图标显示方式,文件的内容并没有发生改变,改变的是显示方式。也就是说,不管用户使用何种类型的显示方式,文件的内容并没有发生改变,从而达到 M 和 V 分离的目的。

在网页中,M 即 Model 模型,是指模型表示的业务规则。在 MVC 的 3 个部件中,模型拥有最多的处理任务。被模型返回的数据是中立的,模型与数据格式无关,这样一个模型就能为多个视图提供数据。应用于模型的代码只需写 1 次就可以被多个视图重用,因此减少了代码的重复性。V 即 View 视图,是指用户看到并与之交互的界面,如由 HTML 元素组成的网页界面或软件的客户端界面。MVC 的用处之一在于为应用程序处理很多不同的视图。在视图中并没有发生真正的处理,它只是作为一种输出数据并允许用户进行操作的方式。C 即 Controller 控制器,是指控制器接受用户的输入并调用模型和视图去满足用户的需求,而控制器本身不输出任何东西和作任何处理。控制器只是接收请求并决定调用哪个模型构件去处理请求,然后再确定用哪个视图来显示返回的数据。

MVC 的原理如图 8-1 所示。

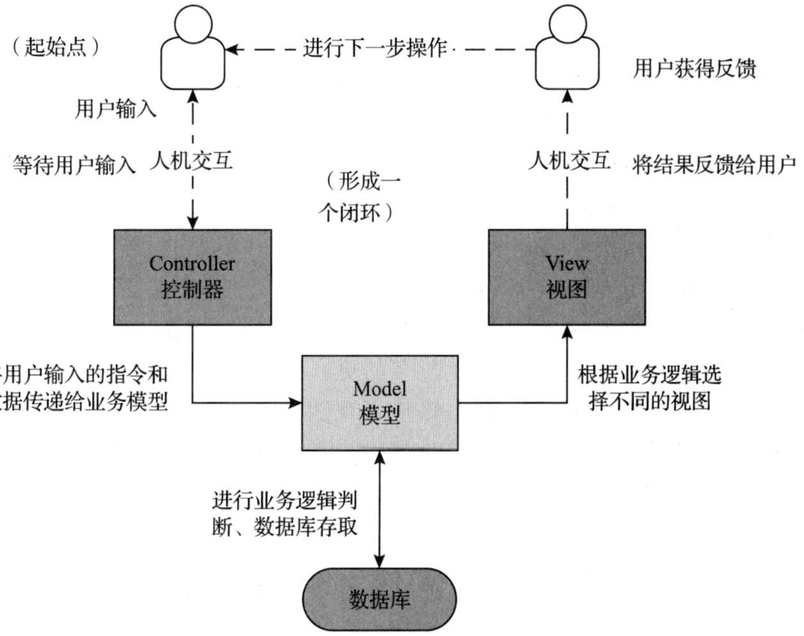

图 8-1　MVC 的原理

用户先在界面中进行人机交互，然后将请求发送到控制器；控制器根据请求类型，将请求的指令和数据发送到相应的模型；模型可以与数据库进行交互，进行增、删、改、查操作；操作完成之后，根据业务逻辑选择相应的视图进行显示；用户获得此次交互的反馈信息，进行下一步交互。如此循环。

在前面分页技术的学习过程中，根据 MVC 的架构实现了分页，即 JSP 为视图层，用于页面展现，与后台的控制层进行交互；Servlet 为控制层，与前台的 JSP 页面进行交互，同时连接后台的模型层；实体类和 dao 包为模型层。在以后的实际生产中，还会将 Service 层作为模型层的一员进行开发。

三、MVC 的优点

(1)耦合性低：视图层和业务层相分离，这样就允许更改视图层的代码而不用重新编译模型层和控制层的代码。同样，要改变一个应用的业务流程或者业务规则，只需要改变 MVC 的模型层即可。由于模型、控制器和视图相分离，很容易改变应用程序的数据层和业务规则。

(2)重用性高：MVC 允许使用各种不同样式的视图来访问同一个服务器端的代码，它包括任何 Web(HTTP)浏览器或者无线浏览器(WAP)。例如，用户可以通过电脑或手机来订购某样产品，虽然订购的方式不一样，但订购产品的处理方式是一样的。由于模型返回的数据没有被格式化，同样的构件能被不同的界面使用。

(3)部署快，生命周期成本低：MVC 使开发和维护用户接口的技术含量降低，从而使开发时间得到大幅缩减。它使 Java 开发者集中精力于业务逻辑上，HTML 和 JSP 开发者集中精力于表现形式上。

(4)可维护性高:分离视图层和业务逻辑层使 Web 应用更易于维护和修改。

四、MVC 的缺点

(1)完全理解 MVC 比较复杂:MVC 被提出的时间不长,加上实践经验不足,完全理解并掌握 MVC 不是一个很容易的过程。

(2)调试困难:模型和视图要严格地分离,这也给调试应用程序带来了一定的困难,每个构件在使用之前都需要经过彻底的测试。

(3)不适合中小型应用程序:在一个中小型应用程序中,强制性地使用 MVC 进行开发,往往会花费大量时间,而且不能体现 MVC 的优势,同时会使开发变得烦琐。

(4)增加系统结构和实现的复杂性:对于简单的界面,严格遵循 MVC 使模型、视图与控制器分离,会增加结构的复杂性,并可能产生过多的更新操作,降低运行效率。

(5)视图与控制器间的连接过于紧密,降低了视图对模型数据的访问:视图与控制器是相互分离但却联系紧密的部件,如果没有控制器的存在,视图的应用是很有限的,反之亦然。这样就妨碍了它们的独立重用。

第二节　案例分析与设计

一、需求分析

在当今高速发展的信息社会,现代物流业的发展突飞猛进,我国国民经济的增长也为现代物流业的发展创造了良好的条件。经济全球化、现代物流业发展的系统化和信息化、仓储运输业的现代化和综合化等趋势,对我国物流业的发展发起了全方位的挑战。传统物流业的操作模式已经不适用于现代物流业,如何缩短物流过程、降低产品库存、加速市场的返回等,都是物流业企业面临的问题。

本系统就是根据这些需求开发出的一套物流管理平台。本系统的开发能够帮助企业实现对物流全过程的优化调度,高效率整合企业的物流业务,全面提高企业的经济效益,为企业提供直观、有效的管理手段。

二、项目设计

本系统是为企业和个人用户提供寄件服务的平台。企业和个人用户通过快递平台提交快递订单,支付费用;管理人员通过快递平台管理用户及快递订单。

平台包含 PC 端和手机微信端。平台工作人员通过 PC 端总后台管理代理商、用户和订单,企业用户通过 PC 端企业管理后台发布订单并支付费用,个人用户通过手机微信端发布订单并支付费用。

三、技术要点概述

以 MVC 为架构,以 MySQL 为数据库,通过 JSP 实现页面设计,通过 Servlet 实现请求调度。整体设计需遵从模块开发,以美观的页面设计、良好的用户体验为主。完成集现代运输、仓储、配送、产品流通及信息管理于一体的网络系统,实现商品在各个环节的有效流通。

四、数据库分析设计

本系统采用 MySQL 数据库。相对于其他数据库而言，MySQL 数据库占用的资源少，电脑配置要求低，无须成本，不仅可以为开发节省资源和时间，还可以提高效率。

根据需求进行设计，本系统的实体包括用户实体、运费模板实体、物料费用实体、代理商实体、企业用户实体、物流订单实体、结算信息实体和提现管理实体。各个实体的数据字段如下。

(一)用户实体

用户实体的数据字段见表 8-1。

表 8-1 用户实体的数据字段

字段名称	字段类型	约束	说明
uid	int(11)	主键	用户编号
username	varchar(20)	无	用户名
password	varchar(20)	无	密码
age	int(11)	无	年龄
telephone	int(11)	无	联系方式

(二)运费模板实体

运费模板实体的数据字段见表 8-2。

表 8-2 运费模板实体的数据字段

字段名称	字段类型	约束	说明
fid	int(11)	主键	编号
fname	varchar(20)	无	模板名
initweight	float	无	默认质量，kg
initprice	float	无	默认运费，元
everyweight	float	无	单位增重，kg
everyprice	float	无	单位增加金额，元
address	varchar(50)	无	地址
firstweight	float	无	首重
firstprice	float	无	首费
continueweight	float	无	续重
continueprice	float	无	续费

(三)物料费用实体

物料费用实体的数据字段见表 8-3。

表 8-3 物料费用实体的数据字段

字段名称	字段类型	约束	说明
mid	int(11)	主键	编号
paperbox	int(11)	无	纸箱，元
packagebag	int(11)	无	包装袋，元

(四)代理商实体

代理商实体的数据字段见表 8-4。

表 8-4 代理商实体的数据字段

字段名称	字段类型	约束	说明
bid	int(11)	主键	编号
bname	varchar(20)	无	代理商名
btelephone	int(11)	无	联系方式
bloginname	varchar(20)	无	账户名称
bloginpwd	varchar(20)	无	账户密码

(五)企业用户实体

企业用户实体的数据字段见表 8-5。

表 8-5 企业用户实体的数据字段

字段名称	字段类型	约束	说明
cid	int(11)	主键	编号
cname	varchar(20)	无	企业名
ctelephone	int(11)	无	联系方式
clicence	varchar(200)	无	营业执照

(六)物流订单实体

物流订单实体的数据字段见表 8-6。

表 8-6 物流订单实体的数据字段

字段名称	字段类型	约束	说明
oid	int(11)	主键	编号
orderdate	date	无	下单时间
ordername	varchar(20)	无	下单名称
otelephone	int(11)	无	联系方式
orderflag	int(11)	无	订单标志
ordernum	int(11)	无	下单数量

(七)结算信息实体

结算信息实体的数据字段见表 8-7。

表 8-7 结算信息实体的数据字段

字段名称	字段类型	约束	说明
aid	int(11)	主键	编号
aname	varchar(20)	无	结算名称
atelephone	int(11)	无	联系方式
payprice	float	无	付款金额
nopayprice	float	无	未付款金额
payflag	int(11)	无	是否欠款

(八)提现管理实体

提现管理实体的数据字段见表 8-8。

表 8-8　提现管理实体的数据字段

字段名称	字段类型	约束	说明
fid	int(11)	主键	编号
fname	varchar(20)	无	账户名称
fprice	int(11)	无	提现金额
femail	float	无	邮箱
fflag	float	无	转账状态

第三节　案例实现

一、项目搭建

(1)创建 Web 工程,并在 lib 下创建包及 MySQL 的 jar 包,如图 8-2 所示。

(2)根据数据字典创建表,并填入初始化数据,如图 8-3 所示。

(3)在 entity 包中创建实体类,如图 8-4 所示。其中,各实体类的代码要满足面向对象的封装性要求,即属性私有,并提供 get()方法或 set()方法。各实体类的代码如下:

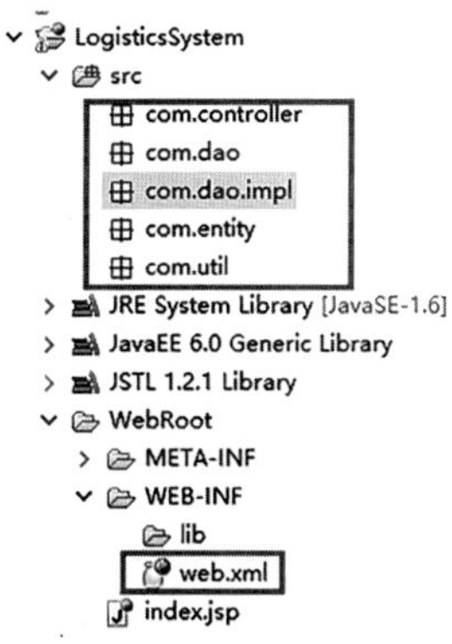

图 8-2　创建数据库包

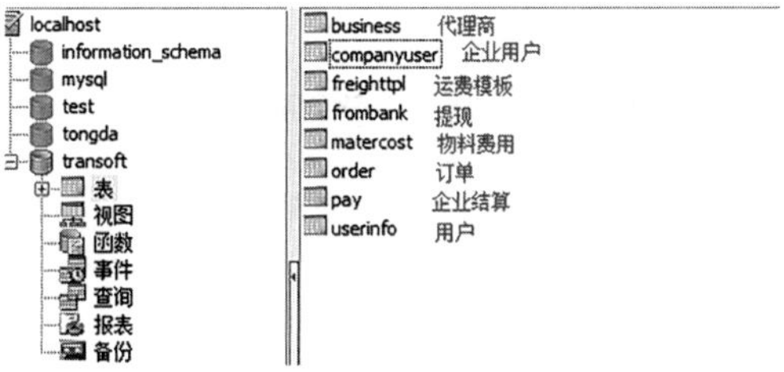

图 8-3　创建表

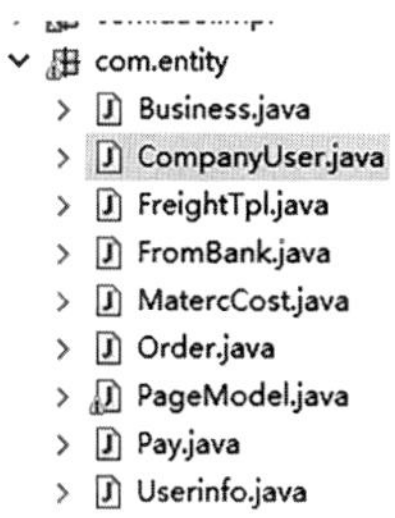

图 8-4　创建实体类

①用户(Userinfo):

```
package com.entity;

public class Userinfo {

  private int uid;
```

```
private String username;
private String password;
private int age;
private String telephone;

public int getUid() {
  return uid;
}

public void setUid(int uid) {
  this.uid = uid;
}

public String getUsername() {
  return username;
}

public void setUsername(String username) {
  this.username = username;
}

public String getPassword() {
  return password;
}

public void setPassword(String password) {
  this.password = password;
}

public int getAge() {
  return age;
}

public void setAge(String age) {
  this.age = age;
}

public String getTelephone() {
  return telephone;
```

```
  }

  public void setTelephone(int telephone) {
    this.telephone = telephone;
  }

  public Userinfo() {

  }
  public Userinfo(int uid, String username, String password, int age, String
telephone) {
    super();
    this.uid = uid;
    this.username = username;
    this.password = password;
    this.age = age;
    this.telephone = telephone;
  }
}
```

②订单(Order):

```
package com.entity;

import java.util.Date;

public class Order {
  private int oid;
  private Date orderdate;
  private String ordername;
  private int otelephone;
  private int orderflag;
  private int ordernum;

  public int getOid() {
    return oid;
  }

  public void setOid(int oid) {
```

```
    this.oid = oid;
}

public Date getOrderdate() {
    return orderdate;
}

public void setOrderdate(Date orderdate) {
    this.orderdate = orderdate;
}

public String getOrdername() {
    return ordername;
}

public void setOrdername(String ordername) {
    this.ordername = ordername;
}

public int getOtelephone() {
    return otelephone;
}

public void setOtelephone(int otelephone) {
    this.otelephone = otelephone;
}
public int getOrderflag() {
    return orderflag;
}
public void setOrderflag(int orderflag) {
    this.orderflag = orderflag;
}
public int getOrdernum() {
    return ordernum;
}

public void setOrdernum(int ordernum) {
    this.ordernum = ordernum;
}
```

```
  public Order() {

  }
  public Order(int oid, Date orderdate, String ordername, int otelephone, int
orderflag, int ordernum) {
    super();
    this.oid = oid;
    this.orderdate = orderdate;
    this.ordername = ordername;
    this.otelephone = otelephone;
    this.orderflag = orderflag;
    this.ordernum = ordernum;
  }

  @Override
  public String toString() {
    return "Order [oid = " + oid + ", orderdate = " + orderdate + ",
ordername = " + ordername + ", otelephone = " + otelephone + ", orderflag
= " + orderflag + ", ordernum = " + ordernum + "]";
  }

}
```

③代理商(Business):

```
package com.entity;

public class Business {

  private int bid;
  private String bname;
  private String btelephone;
  private String bloginname;
  private String bloginpwd;

  public int getBid() {
    return bid;
  }
```

```
public void setBid(int bid) {
  this.bid = bid;
}

public String getBname() {
  return bname;
}

public void setBname(String bname) {
  this.bname = bname;
}

public String getBtelephone() {
  return btelephone;
}

public void setBtelephone(String btelephone) {
  this.btelephone = btelephone;
}

public String getBloginname() {
  return bloginname;
}

public void setBloginname(String bloginname) {
  this.bloginname = bloginname;
}

public String getBloginpwd() {
  return bloginpwd;
}

public void setBloginpwd(String bloginpwd) {
  this.bloginpwd = bloginpwd;
}

public Business() {

}
```

```
  public Business(int bid, String bname, String btelephone,
      String bloginname, String bloginpwd) {
    super();
    this.bid = bid;
    this.bname = bname;
    this.btelephone = btelephone;
    this.bloginname = bloginname;
    this.bloginpwd = bloginpwd;
  }

}
```

④企业用户(CompanyUser):

```
package com.entity;

public class CompanyUser {

  private int cid;
  private String cname;
  private String ctelephone;
  private String clicence;

  public int getCid() {
    return cid;
  }

  public void setCid(int cid) {
    this.cid = cid;
  }

  public String getCname() {
    return cname;
  }

  public void setCname(String cname) {
    this.cname = cname;
  }
```

```
  public String getCtelephone() {
    return ctelephone;
  }

  public void setCtelephone(String ctelephone) {
    this.ctelephone = ctelephone;
  }

  public String getClicence() {
    return clicence;
  }

  public void setClicence(String clicence) {
    this.clicence = clicence;
  }

  public CompanyUser(int cid, String cname, String ctelephone, String cli-
cence) {
    super();
    this.cid = cid;
    this.cname = cname;
    this.ctelephone = ctelephone;
    this.clicence = clicence;
  }

  public CompanyUser() {
  }
}
```

⑤运费模板(FreightTpl):

```
package com.entity;

public class FreightTpl {

  private int fid;
  private String fname;
  private float initweight;
  private float initprice;
```

```
private float everyweight;
private float everyprice;
private String address;
private float firstweight;
private float firstprice;
private float continueweight;
private float continueprice;

public int getFid() {
  return fid;
}

public void setFid(int fid) {
  this.fid = fid;
}

public String getFname() {
  return fname;
}

public float getInitweight() {
  return initweight;
}

public void setInitweight(float initweight) {
  this.initweight = initweight;
}

public float getInitprice() {
  return initprice;
}

public void setInitprice(float initprice) {
  this.initprice = initprice;
}

public float getEveryweight() {
  return everyweight;
}
```

```
public void setEveryweight(float everyweight) {
  this.everyweight = everyweight;
}

public float getEveryprice() {
  return everyprice;
}

public void setEveryprice(float everyprice) {
  this.everyprice = everyprice;
}
public String getAddress() {
  return address;
}

public void setAddress(String address) {
  this.address = address;
}

public float getFirstweight() {
  return firstweight;
}

public void setFirstweight(float firstweight) {
  this.firstweight = firstweight;
}

public float getFirstprice() {
  return firstprice;
}

public void setFirstprice(float firstprice) {
  this.firstprice = firstprice;
}

public float getContinueweight() {
  return continueweight;
}
```

```
    public void setContinueweight(float continueweight) {
        this.continueweight = continueweight;
    }

    public float getContinueprice() {
        return continueprice;
    }

    public void setContinueprice(float continueprice) {
        this.continueprice = continueprice;
    }

    public FreightTpl(int fid, String fname, float initweight, float initprice,
            float everyweight, float everyprice, String address,
            float firstweight, float firstprice, float continueweight,
            float continueprice) {
        super();
        this.fid = fid;
        this.fname = fname;
        this.initweight = initweight;
        this.initprice = initprice;
        this.everyweight = everyweight;
        this.everyprice = everyprice;
        this.address = address;
        this.firstweight = firstweight;
        this.firstprice = firstprice;
        this.continueweight = continueweight;
        this.continueprice = continueprice;
    }

    public FreightTpl() {

    }
}
```

⑥提现(FromBank)：

```
package com.entity;
```

```
public class FromBank {

    private int fid;
    private String fname;
    private float fprice;
    private String femail;
    private int fflag;

    public int getFid() {
        return fid;
    }

    public void setFid(int fid) {
        this.fid = fid;
    }

    public String getFname() {
        return fname;
    }

    public void setFname(String fname) {
        this.fname = fname;
    }

    public float getFprice() {
        return fprice;
    }

    public void setFprice(float fprice) {
        this.fprice = fprice;
    }

    public String getFemail() {
        return femail;
    }

    public void setFemail(String femail) {
        this.femail = femail;
    }
```

```
  public int getFflag() {
    return fflag;
  }

  public void setFflag(int fflag) {
    this.fflag = fflag;
  }

  public FromBank(int fid, String fname, float fprice, String femail,
      int fflag) {
    super();
    this.fid = fid;
    this.fname = fname;
    this.fprice = fprice;
    this.femail = femail;
    this.fflag = fflag;
  }

  public FromBank() {
  }
}
```

⑦物料费用(MatercCost)：

```
package com.entity;

public class MatercCost {

  private int mid;
  private int paperbox;
  private int packagebag;

  public int getMid() {
    return mid;
  }

  public void setMid(int mid) {
    this.mid = mid;
  }
```

```
    public int getPaperbox() {
        return paperbox;
    }

    public void setPaperbox(int paperbox) {
        this.paperbox = paperbox;
    }

    public int getPackagebag() {
        return packagebag;
    }

    public void setPackagebag(int packagebag) {
        this.packagebag = packagebag;
    }

    public MatercCost(int mid, int paperbox, int packagebag) {
        super();
        this.mid = mid;
        this.paperbox = paperbox;
        this.packagebag = packagebag;
    }

    public MatercCost() {
    }

}
```

⑧企业结算(Pay)：

```
package com.entity;

public class Pay {

    private int aid;
    private String aname;
    private String atelephone;
    private float payprice;
    private float nopayprice;
```

```
private int payflag;

public int getAid() {
  return aid;
}

public void setAid(int aid) {
  this.aid = aid;
}

public String getAname() {
  return aname;
}

public void setAname(String aname) {
  this.aname = aname;
}

public String getAtelephone() {
  return atelephone;
}

public void setAtelephone(String atelephone) {
  this.atelephone = atelephone;
}

public float getPayprice() {
  return payprice;
}

public void setPayprice(float payprice) {
  this.payprice = payprice;
}

public float getNopayprice() {
  return nopayprice;
}

public void setNopayprice(float nopayprice) {
```

```
        this.nopayprice = nopayprice;
    }

    public int getPayflag() {
        return payflag;
    }

    public void setPayflag(int payflag) {
        this.payflag = payflag;
    }

    public Pay(int aid, String aname, String atelephone, float payprice,
            float nopayprice, int payflag) {
        super();
        this.aid = aid;
        this.aname = aname;
        this.atelephone = atelephone;
        this.payprice = payprice;
        this.nopayprice = nopayprice;
        this.payflag = payflag;
    }

    public Pay() {
    }

}
```

(4)准备好连接数据库的工具类,并将其放在 utils 包中。代码如下:

```
package com.etc.utils;
import java.sql.Connection;
import java.sql.DriverManager;
import java.sql.PreparedStatement;
import java.sql.ResultSet;
import java.sql.SQLException;
import java.sql.Statement;

/**
 *
```

```
 * @author Administrator
 * 工具类 0.1 ,实现简单的查询和更新
 */
public class JDBCUtils
{

  private final static String driver = "com.mysql.jdbc.Driver";
  private final static String url = "jdbc:mysql://127.0.0.1:3306/pagel-
earn";
  private final static String username = "root";
  private final static String password = "123456";

  //1. 获取连接
  private static Connection getConnection()
  {
    Connection con = null;
    try {
      Class.forName(driver); //主动加载
      con = DriverManager.getConnection(url, username, password);
    } catch (Exception e)
    {
      e.printStackTrace();
    }
    return con;
  }

  //2. 执行查询
  //select * from student;
  //select * from student where sid = ?
  //select * from student where sid = ? and sname like ?
  //第一个入参为 SQL 语句,第二个入参为 SQL 中? 对应的字符串数组
  public static ResultSet doQuery(String sql,String[] paras)
  {
    //1. 获取连接
    Connection con = getConnection();
    if(con = = null)
      return null;

    ResultSet result = null;
```

```
    try {
      //2. 创建查询工具类
      PreparedStatement psm = con.prepareStatement(sql);
      //3. 设置？对应的动态参数
      if (paras ! = null) {
        for (int i = 0; i < paras.length; i + +) {
          psm.setString(i + 1, paras[i]);//使用数组的第 i 个字符串去代替
第 i 个？
        }
      }
      result = psm.executeQuery();
    } catch (Exception e)
    {
      e.printStackTrace();
    }
    return result;
  }

  //3. 执行添加、删除和修改，返回影响的行数
  public static int doUpdate(String sql,String[] paras)
  {
    //1. 获取连接
    Connection con = getConnection();
    if(con = = null)
      return 0;

    int count = 0; //代表本方法执行后影响的行数
    PreparedStatement psm = null;
    try {
      //2. 创建查询工具类
      psm = con.prepareStatement(sql);
      //3. 设置？对应的动态参数
      if (paras ! = null) {
        for (int i = 0; i < paras.length; i + +) {
          //使用数组的第 i 个字符串去代替第 i 个？
          psm.setString(i + 1, paras[i]);
        }
      }
      count = psm.executeUpdate();//执行更新，返回影响的行数
```

```
        } catch (Exception e) {

            e.printStackTrace();
        }
        finally {
            close(null,psm,con);
        }
        return count;
    }

    //4. 关闭资源
    public static void close(ResultSet rs,Statement sm,Connection con) {
        try {
            if (rs != null)
                rs.close();
            if (sm != null)
                sm.close();
            if (con != null)
                con.close();
        } catch (Exception e) {
        }
    }

}
```

(5)封装分页实体类 PageModel,代码如下:

```
package com.etc.entity;

import java.util.ArrayList;
import java.util.List;

public class PageModel<T> {
    private List<T> data = new ArrayList();//本页面包含的对象数组

    private int pageno = 1;//当前的页码

    private int pagesize= 5;//每页固定的条数
```

```
private int totalRecordCount;//本表的总记录数,用于后面计算总页数
public int getPageno() {
  return pageno;
}

public void setPageno(int pageno) {
  this.pageno = pageno;
}

public int getPagesize() {
  return pagesize;
}

public void setPagesize(int pagesize) {
  this.pagesize = pagesize;
}

public int getTotalRecordCount() {
  return totalRecordCount;
}

public void setTotalRecordCount(int totalRecordCount)    {
  this.totalRecordCount = totalRecordCount;
}

public int getTotalPageCount() {
  if(totalRecordCount % pagesize = = 0){//12 每页 3→4 页
    totalPageCount = totalRecordCount/pagesize;
  }else{
    //13   每页 3→5 页
    totalPageCount = totalRecordCount/pagesize + 1;      }
  return totalPageCount;
}

public void setTotalPageCount(int totalPageCount) {
  this.totalPageCount = totalPageCount;
}
```

(6)将准备好的 HTML 等静态文件拷贝到工程的 WebRoot 文件夹下,如图 8-5 所示。

(7)将项目中需要用到的 HTML 文件都改成后缀为“.jsp”的文件,并在文件中加入指令标签等内容,如图 8-6 所示。

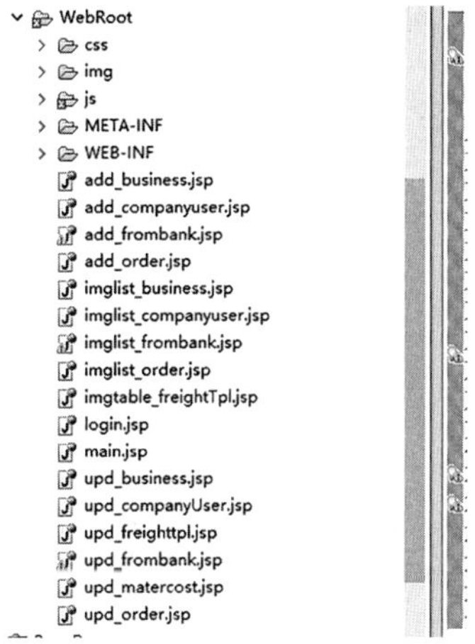

图 8-5 准备静态文件

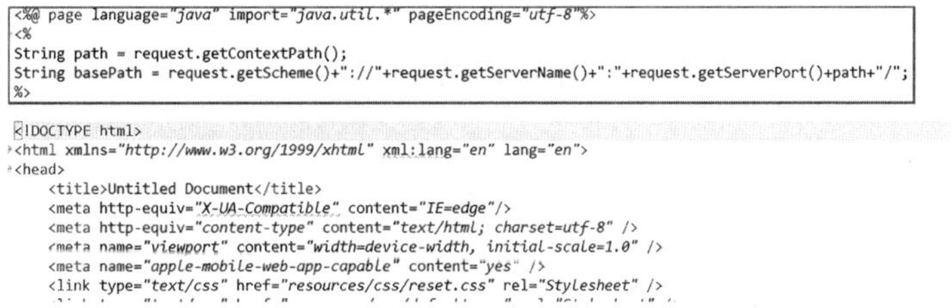

图 8-6 在 HTML 文件中加入指令标签

二、登录模块

(1)确认登录界面,并修改 form 表单。管理后台登录页 .jsp:找到用户名和密码的输入框,然后在输入框中加入 name 属性,用于登录并传递参数到后台 Servlet。代码如下:

```
<body class = "login_bg">
    <section class = "loginBox">
        <header class = "loginHeader">
            <h1>管理系统</h1>
        </header>
        <section class = "loginCont">
             <form class = "loginForm" action = "UserinfoServlet" method = "
post">
                <div class = "inputbox">
                    <label for = "user">用户名:</label>
                    <input id = "user" type = "text" name = "username" place-
holder = "请输入用户名" required/>
                </div>
                <div class = "inputbox">
            <label for = "mima">密码:</label>
            <input id = "mima" type = "password" name = "password" placeholder
= "请输入密码" required/>
        </div>
```

```
<div class = "subBtn">
    <input type = "submit" value = "登 录" />
    <input type = "reset" value = "重 置"/>
</div>
</form>
</section>
</section>
</body>
```

(2)在 Controller 包中创建 UserinfoServlet,代码如下:

```
public void doPost ( HttpServletRequest request, HttpServletResponse re-
sponse)
        throws ServletException, IOException {

  // 中文处理
  request.setCharacterEncoding("utf-8");
  response.setContentType("text/html;charset = utf-8");

  //接收用户名和密码
  String username = request.getParameter("username");
  String password = request.getParameter("password");

  // 创建持久层对象
  IUserinfoDao userinfoDao = new UserinfoDaoImpl();
  // 访问登录判断方法
  if(userinfoDao.login(username, password)){
  request.getSession().setAttribute("username", username);
request.getRequestDispatcher("welcome.jsp").forward(request, response);
  }else{
    response.sendRedirect("login.jsp");
  }
}
```

(3)编写 Dao 接口及实现类。Dao 接口的代码如下:

```
package com.dao;

public interface IUserinfoDao {
```

```
  public boolean login(String username,String password);
}
```

实现类的代码如下：

```
@Override
public boolean login(String username, String password) {

    // 调用数据库查询信息
    String loginSql = "select * from userinfo where username = ? and pass-
word = ?";
    String[] loginParas = { username, password };
    ResultSet loginSet =
      JDBCUtils.doQuery(loginSql, loginParas);
    try {
      if (loginSet.next()) {
      // 将查询的信息传递给 entity 对象
        Userinfo userinfo = new Userinfo(
          loginSet.getInt("uid"),
          loginSet.getString("username"),
          loginSet.getString("password"),
          loginSet.getInt("age"),
          loginSet.getString("telephone"));
      return true;
      }
    } catch (Exception e) {
      e.printStackTrace();
    } finally {
      try {
      JDBCUtils.close(loginSet,
          loginSet.getStatement(),
          loginSet.getStatement().getConnection());
    } catch (Exception e) {
      e.printStackTrace();
    }
  }
  return false;
}
```

(4)运行访问测试:先访问“http://localhost:8080/LogisticsSystem/login.jsp”,并填入用户名和密码。登录页面如图 8-7 所示,点击“登录”按钮,登录成功后页面跳转至 welcome.jsp 页面,并使用 EL 表达式显示存储在 session 对象中的用户名;登录失败则使用 response 重定向到 login.jsp 页面。登录成功后的管理页面如图 8-8 所示。

图 8-7　登录页面

三、运费模板管理

运费模板有 4 种,分别是普通会员模板、中级会员模板、高级会员模板和散单运费模板。运费模板管理页面如图 8-9 所示。

图 8-8　登录成功后的管理页面

图 8-9　运费模板管理页面

通过编辑对模板信息进行管理。改造界面时,找到对应的 4 个编辑代码,将其改写成以下代码:

```
<table class = "imgtable" align = "center" style = "font-size: 15px">
  <thead>
  <tr>
    <th width = "250">运费模板名</th>
    <th width = "250">编辑</th>
```

```
  </tr>
  </thead>
  <tbody>
  <tr align = "center">
    <td class = "imgtd" height = "60" width = "250">
      普通会员模板</td>
    <td><a href = "
<% = basePath % >FreightTplServlet? op = findById&fid = 1"
    class = "tablelink">修改</a>
    </td>
  </tr>
  <tr align = "center">
    <td class = "imgtd" height = "60" width = "250">
      中级会员模板
    </td>
    <td><a href = "
<% = basePath % >FreightTplServlet? op = findById&fid = 2"
    class = "tablelink">修改</a>
    </td>
  </tr>
    <tr align = "center">
    <td class = "imgtd" height = "60" width = "250">
      高级会员模板
    </td>
    <td><a href = "
<% = basePath % >FreightTplServlet? op = findById&fid = 3"
    class = "tablelink">修改</a>
    </td>
  </tr>
  <tr align = "center">
    <td class = "imgtd" height = "60" width = "250">
      散单运费模板
    </td>
    <td><a href = "
<% = basePath % >FreightTplServlet? op = findById&fid = 4"
    class = "tablelink">修改</a>
    </td>
  </tr>
  </tbody>
```

```
</table>
```

在4个被编辑的a标签中,fid的值分别为1、2、3、4。点击"编辑",后台根据fid找到对应的模板数据,并将模板数据填入输入框中。后台代码如下:

```
public void doPost(HttpServletRequest request, HttpServletResponse response)
throws ServletException, IOException {

  // 中文处理
  request.setCharacterEncoding("utf-8");
  response.setContentType("text/html;charset = utf-8");

  // 接收运费模板信息
  String op = request.getParameter("op");
  String fid = request.getParameter("fid");
  if("findById".equals(op)){
    findById(request,response,fid);
  }else if("upd".equals(op)){
    upd(request,response,fid);
  }
}

private void findById(HttpServletRequest request,
HttpServletResponse response, String fid) throws ServletException, IOExcep-
tion {
  IFreightTplDao tplDao = new FreightTplDaoImpl();
  // 查询对应的模板内容
  FreightTpl freightTpl = tplDao.findById(fid);
  // 设置到 request 作用域中
  request.setAttribute("freightTpl", freightTpl);
  // 跳转到编辑界面
  request.getRequestDispatcher("upd_freighttpl.jsp")
.forward(request, response);
}
```

IFreightTplDao接口的代码如下:

```
public interface IFreightTplDao {
```

```
  public FreightTpl findById(String fid);
}
```

接口实现类的代码如下：

```
@Override
public FreightTpl findById(String fid) {
  String sql = "select * from freighttpl where fid = ?";
  String[] param = { fid };
  ResultSet selectSet = JDBCUtils.doQuery(sql, param);
    try {
      if (selectSet.next()) {
        FreightTpl freightTpl = new FreightTpl(
          Integer.parseInt(fid),
            selectSet.getString("fname"),
          Float.parseFloat(
            selectSet.getString("initweight") ! = null ?
            selectSet.getString("initweight"):0 + ""),
          Float.parseFloat(
            selectSet.getString("initprice") ! = null ?
            selectSet.getString("initprice"):0 + ""),
          Float.parseFloat(
            selectSet.getString("everyweight")! = null?
            selectSet.getString("everyweight"):0 + ""),
          Float.parseFloat(
            selectSet.getString("everyprice") ! = null ?
            selectSet.getString("everyprice"):0 + ""),
          selectSet.getString("address"),
          Float.parseFloat(
            selectSet.getString("firstweight")! = null ?
            selectSet.getString("firstweight"):0 + ""),
          Float.parseFloat(
            selectSet.getString("firstprice") ! = null ?
            selectSet.getString("firstprice"):0 + ""),
          Float.parseFloat(
            selectSet.getString("continueweight")! = null?
            selectSet.getString("continueweight"):0 + ""),
          Float.parseFloat(
            selectSet.getString("continueprice")! = null?
```

```
            selectSet.getString("continueprice"):0 + ""));
        return freightTpl;
        }
    } catch (SQLException e) {
        e.printStackTrace();
    } finally {
        try {
            JDBCUtils.close(selectSet,
                selectSet.getStatement(),
                selectSet.getStatement().getConnection());
        } catch (Exception e) {
            e.printStackTrace();
        }
    }
    return null;
}
```

根据 fid 查询模板信息的结果如图 8-10 所示。

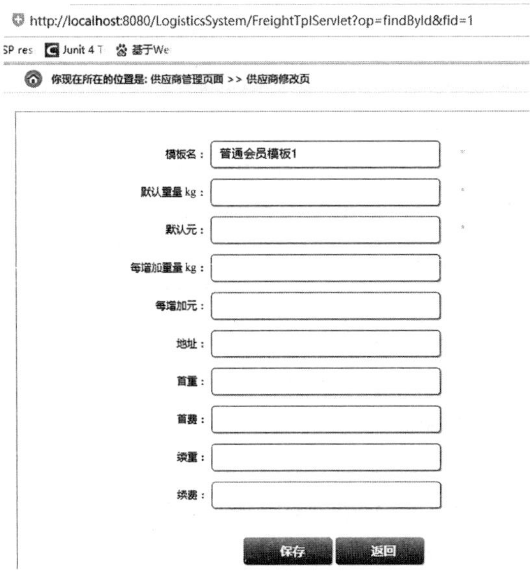

图 8-10　根据 fid 查询模板信息的结果

第一次访问时，输入框的内容为空，这是因为数据库中并未设置初始数据。

按各自模板设计要求填写完信息后保存信息。后台代码如下：

```
private void upd (HttpServletRequest request, HttpServletResponse re-
sponse, String fid) throws IOException {
```

```
    String fname = request.getParameter("fname");
    String initweight = request.getParameter("initweight");
    String initprice = request.getParameter("initprice");
    String everyweight = request.getParameter("everyweight");
    String everyprice = request.getParameter("everyprice");
    String address = request.getParameter("address");
    String firstweight = request.getParameter("firstweight");
    String firstprice = request.getParameter("firstprice");
    String continueweight = request.getParameter("continueweight");
    String continueprice = request.getParameter("continueprice");

    // 封装到 FreightTpl 对象中
    FreightTpl freightTpl = new FreightTpl(Integer.parseInt(fid),fname,
      Float.parseFloat(initweight),
      Float.parseFloat(initprice),
      Float.parseFloat(everyweight),
      Float.parseFloat(everyprice),
      address,
      Float.parseFloat(firstweight),
      Float.parseFloat(firstprice),
      Float.parseFloat(continueweight),
      Float.parseFloat(continueprice));
      // 将 FreightTpl 传递到持久层中
      IFreightTplDao tplDao = new FreightTplDaoImpl();
      int flag = tplDao.updTpl(freightTpl);
      if(flag >= 0){
        // updflag:1 表示成功,0 表示失败
        request.setAttribute("updflag", 1);
      }else{
        request.setAttribute("updflag", 0);
      }

      request.getRequestDispatcher("imgtable_freightTpl.jsp")
      .forward(request, response);
}
```

接口实现类的代码如下：

```
@Override
public int updTpl(FreightTpl freightTpl) {
```

```
    String sql = "update freighttpl set fname = ?,initweight = ?,initprice =
?,everyweight = ?,everyprice = ?,address = ?,firstweight = ?,firstprice
= ?,continueweight = ?,continueprice = ?"
        + "where fid = ?";
    String[] param = { freightTpl.getFname(),
        freightTpl.getInitweight() + "",
        freightTpl.getInitprice() + "",
        freightTpl.getEveryweight() + "",
        freightTpl.getEveryprice() + "",
        freightTpl.getAddress(),
        freightTpl.getFirstweight() + "",
        freightTpl.getFirstprice() + "",
        freightTpl.getContinueweight() + "",
        freightTpl.getContinueprice() + "",
freightTpl.getFid() + "" };
    return JDBCUtils.doUpdate(sql, param);
}
```

信息保存成功后跳转至模板管理首页。点击"编辑",即可看到上一次修改的信息通过 EL 表达式显示在输入框内。模板管理页面如图 8-11 所示。

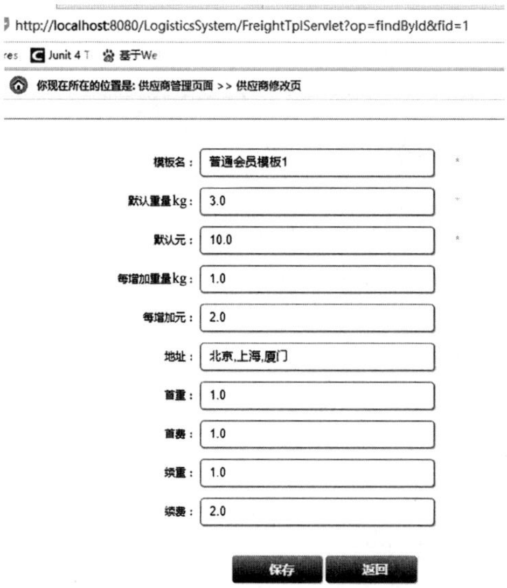

图 8-11 模板管理页面

四、物料费用管理

物料费用主要有纸箱费用和包装袋费用 2 种,只需维护其价格即可,代码如下:

(1)MaterCostServlet：

```
public void doPost(HttpServletRequest request, HttpServletResponse response)
        throws ServletException, IOException {

    // 接收传参
    String paperbox = request.getParameter("paperbox");
    String packagebag = request.getParameter("packagebag");

    // 访问 Dao
    IMaterCostDao dao = new MaterCostDaoImpl();

    if(! paperbox.isEmpty() || ! packagebag.isEmpty()){
        dao.upd(paperbox, packagebag);
    }

    MatercCost materCost = dao.findAll();
    request.setAttribute("materCost", materCost);

    request.getRequestDispatcher("upd_matercost.jsp")
    .forward(request, response);
}
```

(2)MaterCostDaoImpl：

```
  @Override
  public void upd(String paperbox, String packagebag) {
    String sql = "update matercost set paperbox = ?,packagebag = ? where
mid = 1";
    String[] param = { paperbox, packagebag};
    JDBCUtils.doUpdate(sql, param);
  }

@Override
  public MatercCost findAll() {
    // 调用数据库查询信息
    String sql = "select * from matercost where mid = 1";
    String[] param = null;
    ResultSet set = JDBCUtils.doQuery(sql, param);
```

```
    try {
      if (set.next()) {
        // 将查询的信息传递给 entity 对象
        MatercCost matercCost = new MatercCost(1),
            set.getInt("paperbox"),
            set.getInt("packagebag"));
        return matercCost;
      }
    } catch (Exception e) {
      e.printStackTrace();
    } finally {

      try {
        JDBCUtils.close(set, set.getStatement(), set
            .getStatement().getConnection());
      } catch (Exception e) {
        e.printStackTrace();
      }
    }
    return null;
  }
```

物料修改页面如图 8-12 所示。

图 8-12　物料修改页面

输入内容，点击“保存”。物料修改后的查询页面如图 8-13 所示。先访问 upd_matercost.jsp，此时并未访问后台，因此输入框的内容为空。填入数据后点击“保存”，后台会修改数据并重新跳转到本页面。

图 8-13　物料修改后的查询页面

五、代理商管理

(一)查询代理商信息

访问"http://localhost:8080/LogisticsSystem/BusinessServlet? op=findAll",查询所有代理商的信息,代理商信息查询页面如图 8-14 所示。

图 8-14　代理商信息查询页面

JSP 页面的核心代码如下:

```
<div class = "right">
  <div class = "location">
  <strong style = "font-size: 15px">你现在所在的位置是:</strong> <span
  style = "font-size: 15px">代理商管理页面</span>
  </div>
  <div class = "search">
  <span></span> <a href = "add_business.jsp">添加代理商</a>
  </div>
  <table class = "imgtable" align = "center" style = "font-size: 15px">
  <thead>
```

```
        <tr>
          <th width = "150">代理商</th>
          <th width = "150">联系方式</th>
          <th width = "150">账户名称</th>
          <th width = "90">操作</th>
        </tr>
      </thead>
      <tbody>
        <c:forEach items = "${list}" var = "business">
          <tr>
            <td class = "imgtd" height = "60">${business.bname}</td>
            <td class = "imgtd">${business.btelephone}</td>
            <td class = "imgtd">${business.bloginname}</td>
            <td>
              <a href = "
<% = basePath %>BusinessServlet? op = findById&bid = ${business.bid}"
class = "tablelink">修改
              </a>       
              <a href = "
<% = basePath %>BusinessServlet? op = del&bid = ${business.bid}"
class = "tablelink">删除
              </a>       
              <a href = "
<% = basePath %>BusinessServlet? op = initpwd&bid = ${business.bid}"
class = "tablelink">重置密码</a>
            </td>
        </tr>
        </c:forEach>
      </tbody>
      </table>
</div>
```

BusinessServlet 控制器的核心代码如下：

```
public void doPost(HttpServletRequest request, HttpServletResponse response)
        throws ServletException, IOException {

    // 中文处理
    request.setCharacterEncoding("utf-8");
    response.setContentType("text/html;charset = utf-8");
```

```
    // 接收运费模板信息
    String op = request.getParameter("op");
    if ("findAll".equals(op)) {
      findAll(request, response);
    } else if ("findById".equals(op)) {
      findById(request, response);
    } else if ("add".equals(op)) {
      add(request, response);
    } else if ("upd".equals(op)) {
      upd(request, response);
    } else if ("del".equals(op)) {
      del(request, response);
    } else if ("initpwd".equals(op)) {
      initpwd(request, response);
    }
  }
private void findAll(HttpServletRequest request,
      HttpServletResponse response) throws ServletException, IOException {
    List<Business> list = dao.findAll();

    request.setAttribute("list", list);
    request.getRequestDispatcher("imglist_business.jsp")
    .forward(request, response);
}
```

Dao 查询所有代理商信息的核心代码如下：

```
  @Override
  public List<Business> findAll() {
    List<Business> list = new ArrayList<Business>();
    String sql = "select * from business ";
    ResultSet selectSet = JDBCUtils.doQuery(sql, null);

    try {
      while(selectSet.next()) {
        Business business = new Business(
        Integer.parseInt(selectSet.getString("bid")),
          selectSet.getString("bname"),
          selectSet.getString("btelephone"),
```

```
            selectSet.getString("bloginname"),
            selectSet.getString("bloginpwd"));
          list.add(business);
        }
        return list;
      } catch (SQLException e) {
        e.printStackTrace();
      } finally {
        try {
          JDBCUtils.close(selectSet,
          selectSet.getStatement(),
          selectSet.getStatement().getConnection());
        } catch (Exception e) {
          e.printStackTrace();
      }
    }
    return null;
  }
```

点击"添加代理商"按钮,出现如图 8-15 所示的页面。

图 8-15 添加代理商页面

(二)添加代理商信息

根据需要填写数据,并进行保存。JSP 页面的核心代码如下:

```
  <form action = "< % = basePath % >BusinessServlet? op = add" method = "
post">
```

```
    <div class = "">
        <label for = "providerId">名称:</label>
        <input type = "text" name = "bname" id = "providerId"/>
        <span> * </span>
    </div>
    <div>
        <label for = "providerName">联系方式:</label>
        <input type = "text" name = "btelephone" id = "people"/>
        <span > * </span>
    </div>
    <div>
        <label for = "people">账户名称:</label>
        <input type = "text" name = "bloginname" id = "people" >
        <span> * </span>
    </div>
    <div>
        <label for = "phone">账户密码:</label>
        <input type = "text" name = "bloginpwd" id = "phone"/>
        <span></span>
    </div>
    <div class = "providerAddBtn">
        <input type = "submit" value = "保存" />
        <input type = "button" value = "返回" onclick = "history.back(-1)"/>
    </div>
</form>
```

BusinessServlet 控制器的核心代码如下：

```
  private void add (HttpServletRequest request, HttpServletResponse re-
sponse)
        throws ServletException, IOException {
      Business business = new Business();
      String bname = request.getParameter("bname");
      String btelephone = request.getParameter("btelephone");
      String bloginname = request.getParameter("bloginname");
      String bloginpwd = request.getParameter("bloginpwd");

      business.setBname(bname);
      business.setBtelephone(btelephone);
```

```
        business.setBloginname(bloginname);
        business.setBloginpwd(bloginpwd);
        dao.add(business);

        findAll(request, response);
    }
```

Dao 添加代理商信息的核心代码如下：

```
    @Override
    public void add(Business business) {
        String sql = "insert into business(bname,btelephone,bloginname,blogin-
pwd) values(?,?,?,?)";
        String[] param = { business.getBname(),business.getBtelephone(),busi-
ness.getBloginname(),business.getBloginpwd()};
        JDBCUtils.doUpdate(sql, param);
    }
```

执行完 Insert 语句后，再次调用 findAll 方法查询所有记录，可方便地查看到刚添加的记录。查询全部记录的结果如图 8-16 所示。

图 8-16 查询全部记录的结果

(三)修改代理商信息

修改代理商信息和添加代理商信息类似，如图 8-17 所示。BusinessServlet 控制器的核心代码如下：

```
    private void upd(HttpServletRequest request, HttpServletResponse response)
            throws ServletException, IOException {
        Business business = new Business();
        String bname = request.getParameter("bname");
        String btelephone = request.getParameter("btelephone");
        String bloginname = request.getParameter("bloginname");
        String bloginpwd = request.getParameter("bloginpwd");
```

```
    business.setBname(bname);
    business.setBtelephone(btelephone);
    business.setBloginname(bloginname);
    business.setBloginpwd(bloginpwd);
    dao.add(business);

    findAll(request, response);
  }
```

运行结果同图 8-16。

图 8-17 修改代理商信息的结果

Dao 修改代理商信息的核心代码如下：

```
  @Override
  public void upd(Business business) {
    String sql = "update business set bname = ?,btelephone = ?,bloginname = ?,
bloginpwd = ? where bid = ?";
    String[] param = { business.getBname(),business.getBtelephone(),busi-
ness.getBloginname(),business.getBloginpwd(),business.getBid() + ""};
    JDBCUtils.doUpdate(sql, param);
  }
```

(四)删除代理商信息

点击“删除链接”,传递记录的 ID。

```
<a href = "
```

```
<% =basePath %>BusinessServlet? op =del&bid = ${business.bid}" class
 ="tablelink">删除</a>
```

在显示列表时，URL中的bid值可以通过EL表达式获取。后台只需获取参数bid，并将其传递至Dao中执行SQL语句即可。代码如下：

```
 private void del (HttpServletRequest request, HttpServletResponse re-
sponse) throws ServletException, IOException {
   String bid = request.getParameter("bid");
   dao.del(bid);
   findAll(request, response);
 }
```

Dao删除代理商信息的核心代码如下：

```
 @Override
 public void del(String bid) {
   String sql = "delete from  business  where bid = ?";
   String[] param = { bid};
   JDBCUtils.doUpdate(sql, param);
 }
```

删除代理商信息后，会再次调用findAll方法查询所有记录。

(五)重置密码

重置密码的做法和删除类似，二者的区别在于重置密码时，SQL语句使用的是update语句。

```
 @Override
 public void initpwd(String bid) {
   String sql = "update business set bloginpwd = '123456' where bid = ?";
   String[] param = { bid};
   JDBCUtils.doUpdate(sql, param);
 }
```

重置密码代码的运行结果和修改信息代码的运行结果类似，执行完代码后返回查询所有记录。

六、企业用户管理

企业用户管理包括查询单个及多个企业用户的信息，添加、修改、删除企业用户。其中的难点在于企业用户营业执照图片的上传。

(一)查询企业用户信息

查询所有企业用户的控制器方法,代码如下:

```
public void doPost(HttpServletRequest request, HttpServletResponse response)
        throws ServletException, IOException {

    // 中文处理
    request.setCharacterEncoding("utf-8");
    response.setContentType("text/html;charset = utf-8");

    String op = request.getParameter("op");
    if ("findAll".equals(op)) {
      findAll(request, response);
    } else if ("findById".equals(op)) {
      findById(request, response);
    } else if ("add".equals(op)) {
      add(request, response);
    } else if ("upd".equals(op)) {
      upd(request, response);
    } else if ("del".equals(op)) {
      del(request, response);
    }
  }

private void findAll(HttpServletRequest request,
        HttpServletResponse response) throws ServletException, IOException {
    List<CompanyUser> list = dao.findAll();

    request.setAttribute("list", list);

    request.getRequestDispatcher("imglist_companyUser.jsp")
  .forward(request, response);
}
```

CompanyUserDaoImpl 查询所有企业用户信息的核心代码如下:

```
@Override
public List<CompanyUser> findAll() {
  List<CompanyUser> list = new ArrayList<CompanyUser>();
```

```
    String sql = "select * from companyuser ";
    ResultSet selectSet = JDBCUtils.doQuery(sql, null);
    try {
      while(selectSet.next()) {
        CompanyUser companyUser = new CompanyUser(
          Integer.parseInt(selectSet.getString("cid")),
          selectSet.getString("cname"),
          selectSet.getString("ctelephone"),
          selectSet.getString("clicence"));
      list.add(companyUser);
      }
      return list;
    } catch (SQLException e) {
      e.printStackTrace();
    } finally {
      try {
    JDBCUtils.close(selectSet,selectSet.getStatement(),selectSet.getState-
  ment().getConnection());
      } catch (Exception e) {
        e.printStackTrace();
      }
    }
    return null;
  }
```

此时，在数据库中是不能存放图片的，所有营业执照字段存放的是图片的地址。JSP 页面通过<img>标签读取路径并显示图片。JSP 的核心代码如下：

```
<table class = "imgtable">
    <thead>
        <tr>
            <th width = "150">代理商</th>
            <th width = "150">联系方式</th>
            <th width = "150">营业执照</th>
            <th width = "90">操作</th>
        </tr>
    </thead>
    <tbody>
        <c:forEach items = "${list}"var = "companyUser">
```

```
            <tr>
                <td class = "imgtd" height = "60">
                    $ {companyUser.cname}
            </td>
            <td class = "imgtd">
                    $ {companyUser.ctelephone}
            </td>

            <td class = "imgtd">
    <img src = "<% = basePath %>img/ $ {companyUser.clicence}"/>
            </td>
            <td>
                <a href = "
                <% = basePath %>CompanyUserServlet?
                op = findById&bid = $ {companyUser.cid}" class = "tablelink">修改
            </a>
                  
            <a href = "
                <% = basePath %>CompanyUserServlet?
                op = del&bid = $ {companyUser.cid}" class = "tablelink">删除
            </a>
          </td>
      </tr>
    </c:forEach>
    </tbody>
</table>
```

查询所有企业用户的结果如图 8-18 所示。

企业用户	联系方式	营业执照	操作
天广传媒	0595-86524158		修改 删除

图 8-18 查询所有企业用户的结果

(二)添加企业用户

点击“添加新企业用户”，其结果如图 8-19 所示。

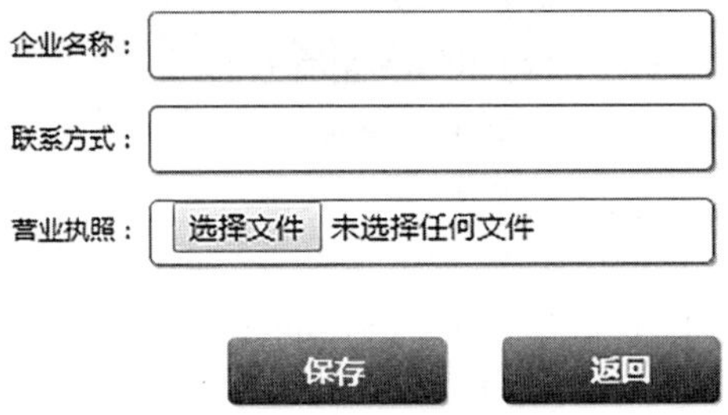

图 8-19　添加新企业用户的结果

添加企业用户的 JSP 的核心代码如下：

```
<form action = "<% = basePath %>CompanyUserServlet? op = add" method = "
post" enctype = "multipart/form-data">
    <div class = "">
        <label for = "providerId">企业名称:</label>
        <input type = "text" name = "cname" id = "providerId" /> <span> *
</span>
    </div>
    <div>
        <label for = "providerName">联系方式:</label>
        <input type = "text" name = "ctelephone" id = "people" />
        <span> * </span>
    </div>
    <div>
        <label for = "providerName">营业执照:</label>
        <input type = "file" name = "clicence" id = "people" />
        <span> * </span>
    </div>
    <div class = "providerAddBtn">
        <input type = "submit" value = "保存" />
        <input type = "button" value = "返回" onclick = "history.back(-1)" />
    </div>
</form>
```

注意:添加企业用户时,需要上传营业执照图片,因此需要在 form 表单中加入 enctype="multipart/form-data",用于后台流读取文件内容。

在企业用户控制器中添加企业用户的核心代码如下:

```
private void add ( HttpServletRequest request, HttpServletResponse re-
```

```
sponse)
        throws ServletException, IOException {
    // 1.中文处理
    request.setCharacterEncoding("utf-8");
    response.setContentType("text/html;charset = utf-8");

    CompanyUser companyUser  = new CompanyUser();

    // 2.创建基于硬盘的 FileItem 的工厂类
    DiskFileItemFactory factory  = new DiskFileItemFactory();

    // 3.创建文件上传的处理器
    ServletFileUpload upload  = new ServletFileUpload(factory);
    // 4.解析上传的文件
    try {
      // List 中存放的是从 form 中提交的信息
      List list  = upload.parseRequest(request);
      // 5.遍历 List 集合获取文件信息
      // 使用 Iterator 遍历
      Iterator iterator  = list.iterator();

      while (iterator.hasNext()) {
        // 数组中的每一个对象元素
      FileItem item  = (FileItem) iterator.next();

      if (item.isFormField()) {
        // 通过 item 获取输入的信息
        String name  = item.getFieldName();
        // 获取上传输入的 name 属性名
        String val  = item.getString();
        // 获取输入的值
        if("cname".equals(name)){
          val  = new String(val.getBytes("ISO-8859-1"),"UTF-8");
          companyUser.setCname(val);
        }else if("ctelephone".equals(name)){
          val  = new String(val.getBytes("ISO-8859-1"),"UTF-8");
          companyUser.setCtelephone(val);
        }
      } else {
```

```
        // 获取上传的文件名
        String filename = item.getName();

        // 6.在服务器指定路径下保存上传的文件
        String path = this.getServletContext()
                .getRealPath("img");

        long time = new Date().getTime();

        UUID uuid = UUID.randomUUID();

        String endFilename = filename.substring(
                filename.lastIndexOf("."));
        // 7.创建文件
        File file = new File(path + "\\" +
                uuid+ time + endFilename);
        companyUser.setClicence(file.getName());
        // 8.使用流在该文件中写入信息
        try {
          item.write(file);
       response.getWriter().print("上传成功");
        } catch (Exception e) {
          e.printStackTrace();
        }
      }
    }
    } catch (FileUploadException e) {
      e.printStackTrace();
    }
      dao.add(companyUser);

      findAll(request, response);
  }
```

Dao 添加企业用户的核心代码如下：

```
  @Override
  public void add(CompanyUser companyUser) {
    String sql = "insert into CompanyUser(cname,ctelephone,clicence) values
```

```
(?,?,?)";
    String[] param = {
            companyUser.getCname(),
            companyUser.getCtelephone(),
            companyUser.getClicence()};
    JDBCUtils.doUpdate(sql, param);
  }
```

保存数据后,数据库的数据存储结果如图 8-20 所示。

cid	cname	ctelephone	clicence
1	天广传媒	0595-86524158	d161164d-0192-4fba-8b68-2a1ceefd0ce41565498263796.png

32位的随机码，防止文件名重复被覆盖

图 8-20　数据库的数据存储结果

数据存储完成后,调用 findAll 查询所有记录。企业列表页面显示的结果如图 8-21 所示。

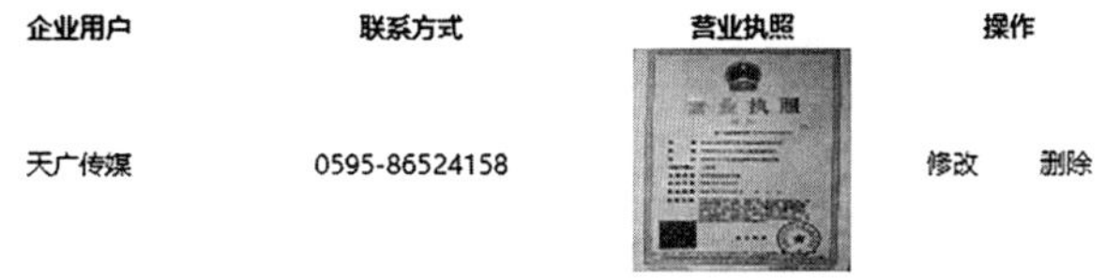

图 8-21　企业列表页面显示的结果

(三)修改企业用户

修改功能和添加功能类似,都需要读取上传的文件内容。二者的区别在于修改企业用户时,控制器端需要读取修改的企业用户编号,在数据库中查询对应的信息并将其显示在页面上。

修改企业用户的 JSP 的核心代码如下:

```
    <a href = "<% = basePath %>CompanyUserServlet? op = findById&cid =
${companyUser.cid}" class = "tablelink">修改
    </a>
```

控制器接收请求参数的核心代码如下:

```
  private void findById(HttpServletRequest request,
      HttpServletResponse response) throws ServletException, IOException {

    String cid = request.getParameter("cid");
    CompanyUser companyUser = dao.findById(cid);
```

```
    request.setAttribute("companyUser", companyUser);

    request.getRequestDispatcher("upd_companyUser.jsp")
    .forward(request, response);
  }
```

Dao 查询单个企业用户信息的核心代码如下：

```
@Override
public CompanyUser findById(String cid) {
  String sql = "select * from companyuser where cid = ?";
  String[] param = { cid };
  ResultSet selectSet = JDBCUtils.doQuery(sql, param);

  try {
    if (selectSet.next()) {
      CompanyUser companyUser = new CompanyUser(
        Integer.parseInt(cid),
        selectSet.getString("cname"),
        selectSet.getString("ctelephone"),
        selectSet.getString("clicence"));
      return companyUser;
    }
  } catch (SQLException e) {
  } finally {
    try {
      JDBCUtils.close(selectSet,
          selectSet.getStatement(),
          selectSet.getStatement().getConnection());
    } catch (Exception e) {
      e.printStackTrace();
    }
  }
    return null;
}
```

修改企业用户的页面如图 8-22 所示。

企业用户修改完成后，点击“保存”。控制器根据参数接收并保存数据库，然后查询所有记录。

图 8-22　修改企业用户的页面

控制器修改企业用户的核心代码如下：

```
  private void upd(HttpServletRequest request, HttpServletResponse re-
sponse)
      throws ServletException, IOException {

    // 1.中文处理
    request.setCharacterEncoding("utf-8");
    response.setContentType("text/html;charset=utf-8");

    CompanyUser companyUser = new CompanyUser();

    String cid = request.getParameter("cid");
    companyUser.setCid(Integer.parseInt(cid));

    // 2.创建基于硬盘的 FileItem 的工厂类
    DiskFileItemFactory factory = new DiskFileItemFactory();

    // 3.创建文件上传的处理器
    ServletFileUpload upload = new ServletFileUpload(factory);


    // 4.解析上传的文件
    try {
      // list 中存放的是从 form 中提交的信息
      List list = upload.parseRequest(request);
```

```
  //5.遍历 List 集合获取文件信息
  Iterator iterator = list.iterator();

  while (iterator.hasNext()) {
    FileItem item = (FileItem) iterator.next();

    if (item.isFormField()) {
      String name = item.getFieldName();
      String val = item.getString();
      if("cname".equals(name)){
      val = new String(val.getBytes("ISO-8859-1"),"UTF-8");
      companyUser.setCname(val);
    }else if("ctelephone".equals(name)){
      val = new String(val.getBytes("ISO-8859-
1"),"UTF-8");
      companyUser.setCtelephone(val);
    }
  } else {
    String filename = item.getName();
    String path = this.getServletContext()
            .getRealPath("img");

    long time = new Date().getTime();
    UUID uuid = UUID.randomUUID();

    String endFilename = filename.substring(
                         filename.lastIndexOf("."));
    File file = new File(path + "\\" +
                         uuid + time + endFilename);
    companyUser.setClicence(file.getName());

    try {
      item.write(file);
      response.getWriter().print("上传成功");
    } catch (Exception e) {
      e.printStackTrace();
    }
  }
}
```

```
    } catch (FileUploadException e) {
        e.printStackTrace();
    }

    dao.upd(companyUser);

    findAll(request, response);
}
```

Dao 修改企业用户的核心代码如下：

```
@Override
public void upd(CompanyUser companyUser) {
    String sql = "update companyuser set cname = ?,ctelephone = ?,clicence
= ? where cid = ?";
    String[] param = { companyUser.getCname(),
                companyUser.getCtelephone(),
                companyUser.getClicence(),
                companyUser.getCid() + ""};
    JDBCUtils.doUpdate(sql, param);
}
```

修改后再次查询所有企业用户的信息，出现如图 8-23 所示的结果。

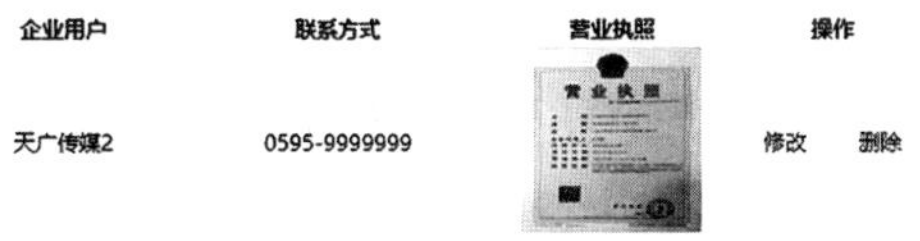

图 8-23　修改后企业用户信息的查询结果

(四)删除企业用户

删除功能和“五、代理商管理”中的删除功能类似。根据 cid 进行删除并返回查询所有页面，此处只列出核心代码。

JSP 页面删除企业用户的核心代码如下：

```
<a href = "<% = basePath %>CompanyUserServlet? op = deld&cid =
${companyUser.cid}" class = "tablelink">删除
</a>
```

控制器删除企业用户的核心代码如下：

```
private void del(HttpServletRequest request, HttpServletResponse response)
    throws ServletException, IOException {

  String cid = request.getParameter("cid");

  dao.del(cid);

  findAll(request, response);
}
```

Dao 删除企业用户的核心代码如下：

```
@Override
public void del(String cid) {
  String sql = "delete from  companyuser  where cid = ?";

  String[] param = { cid };

  JDBCUtils.doUpdate(sql, param);
}
```

七、物流订单管理

物流订单管理包括查询单个及多个订单，添加、修改、删除订单。其中的难点在于实现分页。

(一)查询订单

先查询分页的控制器方法，代码如下：

```
public void doPost(HttpServletRequest request, HttpServletResponse re-
sponse)
    throws ServletException, IOException {

  // 中文处理
  request.setCharacterEncoding("utf-8");
  response.setContentType("text/html;charset = utf-8");

  String op = request.getParameter("op");
```

```
    if ("findAll".equals(op)) {
      findAll(request, response);
    } else if ("findById".equals(op)) {
      findById(request, response);
    } else if ("add".equals(op)) {
      add(request, response);
    } else if ("upd".equals(op)) {
      upd(request, response);
    } else if ("del".equals(op)) {
      del(request, response);
    }
  }
  private void findAll(HttpServletRequest request,
      HttpServletResponse response) throws ServletException, IOException {

    // 读取页码
    int pageno = 1;

    try{
      pageno = Integer.parseInt(
              request.getParameter("pageno"));
    }catch(Exception e){

    }

    // (pageno-1) * pagesize,pagesize
    // 计算起始记录的位置
    int start = (pageno - 1) * 3;

    // 获取当前页的记录信息
    ArrayList<Order> orderList = dao.findByPage(start, 3);

    // 设置 pagemodel 的属性值
    PageModel<Order> pagemodel = new PageModel<Order>();

    pagemodel.setData(orderList);
    pagemodel.setPageno(pageno);
    pagemodel.setPagesize(3);
```

```
    // 获取总记录数  调用 Dao 层 用于计算总页数
    int count = dao.getCount();

    pagemodel.setTotalRecordCount(count);

    // 设置鞋子信息的值到 request 属性
    request.setAttribute("pagemodel", pagemodel);

    request.getRequestDispatcher("imglist_order.jsp")
    .forward(request, response);
  }
```

IOrderDao 接口的代码如下：

```
public interface IOrderDao {

  ArrayList<Order> findByPage(int pageno, int i);

  int getCount();

}
```

OrderDaoImpl 的代码如下：

```
  @Override
  public ArrayList<Order> findByPage(int pageno, int pagesize) {
    ArrayList<Order> list = new ArrayList<Order>();

    String sql = "select * from orders limit" + pageno + "," + pagesize;
    ResultSet selectSet = JDBCUtils.doQuery(sql, null);

    try {
      while(selectSet.next()) {
        Order order = new Order(
            selectSet.getInt("oid"),
            selectSet.getDate("orderdate"),
            selectSet.getString("ordername"),
            selectSet.getString("otelephone"),
            selectSet.getInt("orderflag"),
```

```
            selectSet.getInt("ordernum"));
        list.add(order);
        }
        return list;
    } catch (SQLException e) {
        e.printStackTrace();
    } finally {
        try {
            JDBCUtils.close(selectSet,
                selectSet.getStatement(),
                selectSet.getStatement().getConnection());
        } catch (Exception e) {
            c.printStackTrace();
        }
    }
    return null;
}

@Override
public int getCount() {
    String sql = "select count( * ) as t from orders";
    ResultSet resultSet = JDBCUtils.doQuery(sql, null);

    try {
        // result 返回只有 1 条
        if(resultSet.next()){
            // 如何获取数值
            int count = resultSet.getInt("t");
            return count;
        }
    } catch (SQLException e) {
        e.printStackTrace();
    }
    return -1;
}
```

在 JSP 页面中加入分页的代码如下：

```
<link rel = "stylesheet" href = "<% = basePath %>css/zxf_page.css"/>
```

```
<script src = "<% = basePath %>js/jquery.min.js"></script>
<script src = "<% = basePath %>js/bootstrap.min.js"></script>

<table class = "imgtable" align = "center" style = "font-size: 15px">
    <thead>
        <tr>
          <th width = "150">下单名</th>
          <th width = "150">下单时间</th>
          <th width = "150">联系方式</th>
          <th width = "150">
              订单标志(0:未支付,1:支付中,2:已支付)
          </th>
          <th width = "150">下单数量</th>
          <th width = "90">操作</th>
      </tr>
    </thead>
    <tbody>
        <c:forEach items = "${pagemodel.data}"var = "order">
            <tr align = "center">
              <td class = "imgtd" height = "60">
                ${order.ordername}
            </td>
            <td class = "imgtd">
                ${order.orderdate}
            </td>
            <td class = "imgtd">
                ${order.otelephone}
            </td>
            <td class = "imgtd">
                ${order.orderflag}
            </td>
            <td class = "imgtd">
                ${order.ordernum}
            </td>
            <td>
                <a href = "<% = basePath %>OrderServlet?
                    op = findById&oid = ${order.oid}"
                    class = "tablelink">修改
                </a>       
```

```
                <a href = "
                    <% = basePath %>BusinessServlet?
                    op = del&oid = ${order.oid}"
                    class = "tablelink">删除
                </a>      
            </td>
        </tr>
    </c:forEach>
        </tbody>
    </table>

    <div class = "zxf_pagediv"></div>
    </div>
    </section>

    <footer class = "footer"> </footer>

    <script src = "js/jquery.js"></script>
    <script src = "js/js.js"></script>
    <script src = "js/time.js"></script>
    <script src = "<% = basePath %>js/zxf_page.js" type = "text/javas-
cript"></script>

    <script type = "text/javascript">
        $(".zxf_pagediv").createPage({
            pageNum: "${pagemodel.totalPageCount}",
            current: "${pagemodel.pageno}",
            backfun: function(e) {
                location.href = "OrderServlet? pageno = " + e.current;
            }
        },"OrderServlet");
    </script>
```

订单查询结果如图 8-24 所示，数据库记录结果如图 8-25 所示。此时，分页效果已经实现。成功截取数据库的前 3 条数据，点击“下一页”，其页面显示结果如图 8-26 所示。

(二)添加订单

添加、修改和删除订单与前面类似，此处只贴出核心代码。

JSP 页面添加订单的核心代码如下：

下单名	下单时间	联系方式	订单标志(0:未支付，1：支付中，2：已支付)	下单数量	操作
汉广科技1	2019-08-11	13366666666	0	10	修改 删除
汉广科技2	2019-08-10	13366666666	1	20	修改 删除
汉广科技3	2019-08-09	13366666666	2	30	修改 删除

图 8-24 订单查询结果

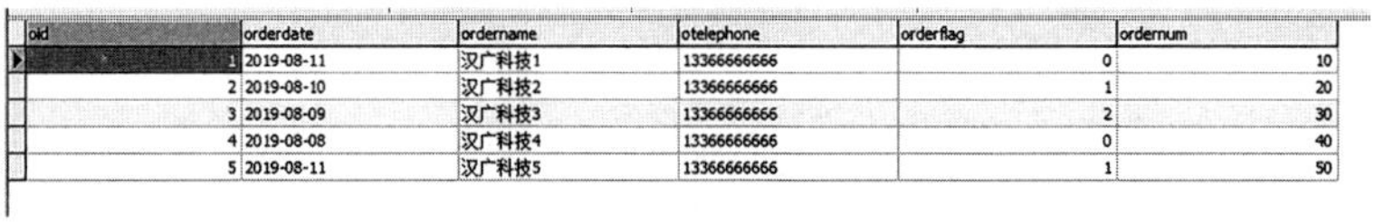

oid	orderdate	ordername	otelephone	orderflag	ordernum
1	2019-08-11	汉广科技1	13366666666	0	10
2	2019-08-10	汉广科技2	13366666666	1	20
3	2019-08-09	汉广科技3	13366666666	2	30
4	2019-08-08	汉广科技4	13366666666	0	40
5	2019-08-11	汉广科技5	13366666666	1	50

图 8-25 数据库记录结果

下单名	下单时间	联系方式	订单标志(0:未支付，1：支付中，2：已支付)	下单数量	操作
汉广科技4	2019-08-08	13366666666	0	40	修改 删除
汉广科技5	2019-08-11	13366666666	1	50	修改 删除

图 8-26 截取前 3 条数据后的页面显示结果

```
<div class = "search">
   <span></span> <a href = "add_order.jsp">添加订单</a>
</div>
```

add_order.jsp 的核心代码如下：

```
  < form action = "<% = basePath % > OrderServlet? op = add" method =
"post">
     <div class = "">
       <label for = "providerId">下单名:</label>
       <input type = "text" name = "ordername" id = "providerId"/>
       <span> * </span>
     </div>
     <div>
        <label for = "providerName">下单时间:</label>
```

```
            <input type = "text" name = "orderdate" id = "people"/>
            <span > * </span>
        </div>
        <div>
             <label for = "people">联系方式:</label>
             <input type = "text" name = "otelephone" id = "people" >
<span> * </span>
          </div>
          <div>
               <label for = "phone">
订单标志(0:未支付,1:支付中,2:已支付):
               </label>
               <input type = "text" name = "orderflag" id = "phone"/>
               <span></span>

          </div>
          <div>
               <label for = "phone">下单数量:</label>
               <input type = "text" name = "ordernum" id = "phone"/>
               <span></span>
          </div>
          <div class = "providerAddBtn">
               <input type = "submit" value = "保存" />
               <input type = "button" value = "返回" onclick = "history.back(-1)"/>
          </div>
</form>
```

OrderServlet 添加订单的核心代码如下:

```
   private void add ( HttpServletRequest request, HttpServletResponse re-
sponse)
         throws ServletException, IOException, ParseException {

      Order order = new Order();
      String orderdate = request.getParameter("orderdate");
      String ordername = request.getParameter("ordername");
      String otelephone = request.getParameter("otelephone");
      String orderflag = request.getParameter("orderflag");
      String ordernum = request.getParameter("ordernum");
```

```
    SimpleDateFormat sdf = new SimpleDateFormat();
    Date timer = sdf.parse(orderdate);

    order.setOrderdate(timer);
    order.setOrderflag(Integer.parseInt(orderflag));
    order.setOrdername(ordername);
    order.setOrdernum(Integer.parseInt(ordernum));
    order.setOtelephone(otelephone);

    dao.add(order);

    findAll(request, response);
  }
```

Dao 添加订单的核心代码如下：

```
  @Override
  public void add(Order order) {
    String sql = "insert into order(orderdate,ordername,otelephone,order-
flag,ordernum) values(sysdate,?,?,?,?)";
    String[] param = { order.getOrdername(),
                       order.getOtelephone(),
                       order.getOrderflag() + "",
                       order.getOrdernum() + ""};
    JDBCUtils.doUpdate(sql, param);
  }
```

（三）修改订单

修改订单的核心代码和添加订单的核心代码类似，这里只列出部分代码。

```
<a href = "
<% = basePath %>OrderServlet? op = findById&oid = ${order.oid}"
class = "tablelink">修改
</a>
```

upd_order.jsp 核心代码如下：

```
    <form action = "<% = basePath %>OrderServlet? op = upd&oid = ${or-
der.oid}" method = "post">
```

```
<div class = "">
    <label for = "providerId">下单名:</label>
    <input type = "text" name = "ordername" id = "providerId"  value = "
${order.ordername}"/>
    <span> * </span>
</div>
<div>
    <label for = "providerName">下单时间:</label>
    <input type = "text" name = "orderdate" id = "people"  value = "
${order.orderdate}"/>
    <span> * </span>
</div>
<div>
    <label for = "people">联系方式:</label>
    <input type = "text" name = "otelephone" id = "people"  value = "
${order.otelephone}">
    <span> * </span>
</div>
<div>
    <label for = "phone">
订单标志(0:未支付,1:支付中,2:已支付):
</label>
    <input type = "text" name = "orderflag" id = "phone"  value = "
${order.orderflag}"/>
  <span></span>
</div>
<div>
    <label for = "phone">下单数量:</label>
    <input type = "text" name = "ordernum" id = "phone"  value = "
${order.ordernum}"/>
    <span></span>
</div>
<div class = "providerAddBtn">
    <input type = "submit" value = "保存" />
    <input type = "button" value = "返回" onclick = "history.back(-1)"/>
</div>
</form>
```

控制器修改订单的核心代码如下:

```
private void upd (HttpServletRequest request, HttpServletResponse re-
sponse)
        throws ServletException, IOException, ParseException {
    Order order = new Order();
    String oid = request.getParameter("oid");
    String orderdate = request.getParameter("orderdate");
    String ordername = request.getParameter("ordername");
    String otelephone = request.getParameter("otelephone");
    String orderflag = request.getParameter("orderflag");
    String ordernum = request.getParameter("ordernum");

    SimpleDateFormat sdf = new SimpleDateFormat();
    Date timer = sdf.parse(orderdate);

    order.setOid(Integer.parseInt(oid));
    order.setOrderdate(timer);
    order.setOrderflag(Integer.parseInt(orderflag));
    order.setOrdername(ordername);
    order.setOrdernum(Integer.parseInt(ordernum));
    order.setOtelephone(otelephone);

    dao.upd(order);

    findAll(request, response);
}
```

Dao 修改订单的核心代码如下：

```
@Override
public void upd(Order order) {
    String sql = "update order set orderdate = ?,ordername = ?,otelephone
= ?,orderflag = ?,ordernum = ? where oid = ?";
    String[] param = { order.getOrderdate() + "",
                       order.getOrdername(),
                       order.getOtelephone(),
                       order.getOrderflag() + "",
                       order.getOrdernum() + "",
                       order.getOid() + ""};
```

```
    JDBCUtils.doUpdate(sql, param);
  }
```

(四)删除订单

```
<a href="
<%=basePath%>OrderServlet?op=del&oid=${order.oid}"
class="tablelink">删除
</a>
```

控制器删除订单的核心代码如下：

```
  private void del(HttpServletRequest request, HttpServletResponse response)
        throws ServletException, IOException {

    String oid = request.getParameter("oid");

    dao.del(oid);

    findAll(request, response);
  }
```

Dao 删除订单的核心代码如下：

```
  @Override
  public void del(String oid) {
    String sql = "delete from  order  where oid = ?";
    String[] param = { oid};
    JDBCUtils.doUpdate(sql, param);
  }
```

八、企业结算管理

企业结算管理包括查询单个及多个结算记录，添加、修改和删除企业费用。

(一)查询结算记录

先查询分页的控制器方法，代码如下：

```
  public void doPost(HttpServletRequest request, HttpServletResponse re-
sponse)
      throws ServletException, IOException {

    // 中文处理
    request.setCharacterEncoding("utf-8");
    response.setContentType("text/html;charset = utf-8");

    String op = request.getParameter("op");
    if ("findAll".equals(op)) {
      findAll(request, response);
    } else if ("findById".equals(op)) {
      findById(request, response);
    } else if ("add".equals(op)) {
      add(request, response);
    } else if ("upd".equals(op)) {
      upd(request, response);
    } else if ("del".equals(op)) {
      del(request, response);
    }
  }

  private void findAll(HttpServletRequest request,
      HttpServletResponse response) throws ServletException, IOException {
    // 读取页码
    int pageno = 1;
    try{
      pageno = Integer.parseInt(
            request.getParameter("pageno"));
    }catch(Exception e){

    }

    // (pageno-1) * pagesize,pagesize
    // 计算起始记录的位置
    int start = (pageno - 1) * 3;

    // 获取当前页的记录信息
```

```
    ArrayList<Pay> payList = dao.findByPage(start, 3);

    // 设置 pagemodel 的属性值
    PageModel<Pay> pagemodel = new PageModel<Pay>();

    pagemodel.setData(payList);
    pagemodel.setPageno(pageno);
    pagemodel.setPagesize(3);
public interface IPayDao {

  ArrayList<Pay> findByPage(int pageno, int i);

  int getCount();

}
```

IOrderDao 接口的代码如下：

```
    // 获取总记录数  调用 Dao 层 用于计算总页数
    int count = dao.getCount();

    pagemodel.setTotalRecordCount(count);

    // 设置鞋子信息的值到 request 属性
    request.setAttribute("pagemodel", pagemodel);

    request.getRequestDispatcher("imglist_pay.jsp")
    .forward(request, response);
  }
```

OrderDaoImpl 的代码如下：

```
  @Override
  public ArrayList<Pay> findByPage(int pageno, int pagesize) {
    ArrayList<Pay> list = new ArrayList<Pay>();
    String sql = "select * from pay limit " + pageno + "," + pagesize;
    ResultSet selectSet = JDBCUtils.doQuery(sql, null);
    try {
      while(selectSet.next()) {
```

```
        Pay pay = new Pays(
            selectSet.getInt("aid"),
    selectSet.getString("aname"),
    selectSet.getString("atelephone"),
    selectSet.getFloat("payprice"),
    selectSet.getFloat("nopayprice"),
    selectSet.getInt("payflag"));
        list.add(order);
      }
      return list;
    } catch (SQLException e) {
        e.printStackTrace();
    } finally {
    @Override
    public int getCount() {
      String sql = "select count( * ) as t from pay";
      ResultSet resultSet = JDBCUtils.doQuery(sql, null);
      try {
        // result 返回只有 1 条
        if(resultSet.next()){
          // 如何获取数值
          int count = resultSet.getInt("t");
          return count;
        }
      } catch (SQLException e) {
        e.printStackTrace();
      }
      return -1;
    }
```

在JSP页面中加入分页的代码如下：

```
<link rel = "stylesheet" href = "<% = basePath %>css/zxf_page.css"/>
<script src = "<% = basePath %>js/jquery.min.js"></script>
<script src = "<% = basePath %>js/bootstrap.min.js"></script>

<table class = "imgtable" align = "center" style = "font-size: 15px">
  <thead>
    <tr>
```

```
    <th width = "150">编号</th>
    <th width = "150">结算名称</th>
    <th width = "150">联系方式</th>
    <th width = "150">付款金额</th>
    <th width = "150">未付金额</th>
    <th width = "150">是否欠款</th>
    <th width = "90">操作</th>
    </tr>
</thead>
<tbody>
    <c:forEach items = "${pagemodel.data}"var = "pay ">
      <tr align = "center">
        <td class = "imgtd" height = "60">
          ${pay.aid}
        </td>
        <td class = "imgtd" height = "60">
          ${pay.aname}
        </td>
        <td class = "imgtd">
          ${pay.atelephone}
        </td>
        <td class = "imgtd">
          ${pay.payprice}
        </td>
        <td class = "imgtd">
          ${pay.nopayprice}
        </td>
        <td class = "imgtd">
          ${pay.payflag}
        </td>
        <td>
            <a href = "<% = basePath %>PayServlet?
              op = findById&aid = ${pay.aid}"
              class = "tablelink">修改
            </a>       
            <a href = "<% = basePath %>PayServlet?
              op = del&aid = ${pay.aid}"
              class = "tablelink">删除
            </a>       
```

```
            </td>
          </tr>
        </c:forEach>
        </tbody>
    </table>
    <div class = "zxf_pagediv"></div>
    </div>
    </section>
    <footer class = "footer"> </footer>

    <script src = "js/jquery.js"></script>
    <script src = "js/js.js"></script>
    <script src = "js/time.js"></script>

    <script src = "<% = basePath %>js/zxf_page.js" type = "text/javas-
cript"></script>

    <script type = "text/javascript">
      $ (".zxf_pagediv").createPage({
        pageNum: "${pagemodel.totalPageCount}",
        current: "${pagemodel.pageno}",
        backfun: function (e) {
          location.href = "PayServlet? pageno = " + e.current;
        }
      },"PayServlet");
    </script>
```

这时,分页已经实现。

(二)添加企业费用

添加、修改和删除企业费用与前面类似,此处只贴出核心代码。

JSP 页面的核心代码如下:

```
<div class = "search">
  <span></span> <a href = "add_pay.jsp">添加订单</a>
</div>
```

add_pay.jsp 的核心代码:

```
<form action = "<% = basePath %>PayServlet? op = add" method = "post">
```

```
    <div class = "">
      <label for = "providerId">结算名称:</label>
      <input type = "text" name = "aname" id = "providerId"/>
      <span> * </span>
    </div>
    <div>
       <label for = "providerName">联系方式:</label>
       <input type = "text" name = "atelephone" id = "people"/>
       <span > * </span>
    </div>
    <div>
        <label for = "people">付款金额:</label>
        <input type = "text" name = "payprice" id = "people" >
<span> * </span>
      </div>
      <div>
          <label for = "phone">未付金额:</label>
<input type = "text" name = "nopayprice" id = "phone"/>
          <span></span>
      </div>
      <div>
          <label for = "phone">是否欠款:</label>
          <input type = "text" name = "payflag" id = "phone"/>
          <span></span>
      </div>
      <div class = "providerAddBtn">
          <input type = "submit" value = "保存" />
          <input type = "button" value = "返回" onclick = "history.back(-1)"/>
      </div>
</form>
```

PayServlet 添加企业费用的核心代码如下：

```
  private void add(HttpServletRequest request, HttpServletResponse response)
      throws ServletException, IOException, ParseException {
    Pay pay = new Pay();
    String aname = request.getParameter("aname");
    String atelephone = request.getParameter("atelephone");
    String payprice = request.getParameter("payprice");
```

```
    String nopayprice = request.getParameter("nopayprice");
    String payflag = request.getParameter("payflag");

    pay.setAname(aname);
    pay.setAtelephone(atelephone);
    pay.setPayprice(Float.parseFloat(payprice));
    pay.setNopayprice(Float.parseFloat(nopayprice));

    pay.setPayflag(Integer.parseInt(payflag));

    dao.add(pay);

    findAll(request, response);
  }
```

Dao 添加企业费用的核心代码如下：

```
  @Override
  public void add(Order order) {
    String sql = "insert into pay(aname, atelephone, payprice, nopayprice,
payflag) values(sysdate,?,?,?,?)";
    String[] param = { order.getOrdername(),
                order.getOtelephone(),
                order.getOrderflag() + "",
                order.getOrdernum() + ""};

    JDBCUtils.doUpdate(sql, param);
  }
```

(三)修改企业费用

修改功能的核心代码和添加功能的核心代码类似，这里只列出部分代码。

```
<a href = "
<% = basePath %>PayServlet? op = findById&aid = ${pay.aid}"
class = "tablelink">修改</a>
```

upd_pay.jsp：

```
    <form action = "<% = basePath %> PayServlet? op = upd&oid = ${pay.
```

```
aid}"method="post">
            <div class="">
             <label for="providerId">结算名称:</label>
             <input type="text" name="aname" id="providerId"
                    value="${pay.aname}"/>
             <span>*</span>
            </div>
            <div>
              <label for="providerName">联系方式:</label>
              <input type="text" name="atelephone"
                     id="people" value="${pay.atelephone}"/>
              <span >*</span>
            </div>
            <div>
               <label for="people">支付金额:</label>
               <input type="text" name="payprice" id="people"
                      value="${pay.payprice}">
               <span>*</span>
            </div>
        <div>
             <label for="phone">未付金额:</label>
             <input type="text" name="nopayprice"
                    id="phone" value="${pay.nopayprice}"/>
             <span></span>
         </div>
        <div>
             <label for="phone">
                是否欠款:(0:是,1:否)
             </label>
             <input type="text" name="payflag" id="phone"
                    value="${pay.payflag}"/>
             <span></span>
          </div>
          <div class="providerAddBtn">
              <input type="submit" value="保存" />
```

控制器修改企业费用的核心代码如下：

```
private void upd(HttpServletRequest request, HttpServletResponse response)
```

```
        throws ServletException, IOException, ParseException
{
    Pay pay = new Pay();
    String aname = request.getParameter("aname");
    String atelephone = request.getParameter("atelephone");
    String payprice = request.getParameter("payprice");
    String nopayprice = request.getParameter("nopayprice");
    String payflag = request.getParameter("payflag");

    pay.setAname(aname);
    pay.setAtelephone(atelephone);
    pay.setPayprice(Float.parseFloat(payprice));
    pay.setNopayprice(Float.parseFloat(nopayprice));
    pay.setPayflag(Integer.parseInt(payflag));
    dao.upd(order);

    findAll(request, response);
  }
```

Dao 修改企业费用的核心代码如下：

```
  @Override
  public void upd(Pay pay) {
    String sql = "update pay set aname = ?,atelephone = ?,payprice = ?,
nopayprice = ?,payflag = ? where aid = ?";
    String[] param = { pay.getAname(),
                       pay.getAtelephone(),
                       pay.getPayprice() + "",
                       pay.getNopayprice() + "",
                       pay.getPayflag() + "",
                       pay.getAid() + ""};
    JDBCUtils.doUpdate(sql, param);
  }
```

(四)删除企业费用

```
<a href = "
<% = basePath %>PayServlet? op = del&aid = ${pay.aid}"
class = "tablelink">删除</a>
```

控制器删除企业费用的核心代码如下：

```
private void del(HttpServletRequest request, HttpServletResponse response)
    throws ServletException, IOException {
  String aid = request.getParameter("aid");
  dao.del(aid);
  findAll(request, response);
}
```

Dao 删除企业费用的核心代码如下：

```
@Override
public void del(String aid) {
  String sql = "delete from  pay  where aid = ?";
  String[] param = { aid};
  JDBCUtils.doUpdate(sql, param);
}
```

九、提现管理

企业用户在发起提现申请后，会显示一条记录。平台工作人员进行线下转账后，点击“确认转账”，该条提现记录变更为“已转账”状态。

在后台查询出所有提现记录，如图 8-27 所示。

图 8-27　提现记录

由图 8-27 可知，提现管理包括查询所有记录、添加“提现”和“确认转账”功能。

(一)查询所有记录

查询所有记录，要求分页。FromBankServlet 的代码如下：

```
public void doPost(HttpServletRequest request, HttpServletResponse response)
    throws ServletException, IOException {
```

```
    // 中文处理
    request.setCharacterEncoding("utf-8");
    response.setContentType("text/html;charset = utf-8");
    String op = request.getParameter("op");

    if ("findAll".equals(op)) {
        findAll(request, response);
    } else if ("add".equals(op)) {
        try {
            add(request, response);
        } catch (ParseException e) {
            e.printStackTrace();
        }
    } else if ("upd".equals(op)) {
        try {
            upd(request, response);
        } catch (ParseException e) {
            e.printStackTrace();
        }
    }
}
private void findAll(HttpServletRequest request,
        HttpServletResponse response) throws ServletException, IOException {
    // 读取页码
    int pageno = 1;
    try{
        pageno = Integer.parseInt(request.getParameter("pageno"));
    }catch(Exception e){

    }

    // (pageno-1) * pagesize,pagesize
    // 计算起始记录的位置
    int start = (pageno - 1) * 3;

    // 获取当前页的记录信息
    ArrayList<FromBank> fromBankList = dao.findByPage(start, 3);

    // 设置 pagemodel 的属性值
```

```
    PageModel<FromBank> pagemodel =
      new PageModel<FromBank>();
    pagemodel.setData(fromBankList);
    pagemodel.setPageno(pageno);
    pagemodel.setPagesize(3);

    //获取总记录数  调用Dao层 用于计算总页数
    int count = dao.getCount();
    pagemodel.setTotalRecordCount(count);

    //设置鞋子信息的值到request属性
    request.setAttribute("pagemodel", pagemodel);

    request.getRequestDispatcher("imglist_frombank.jsp")
    .forward(request,response);
  }
```

IFromBankDao 接口的代码如下：

```
public interface IFromBankDao {

  ArrayList<FromBank> findByPage(int pageno, int i);

  int getCount();

}
```

FromBankDaoImpl 接口的代码如下：

```
  @Override
  public ArrayList<FromBank> findByPage(int pageno,int pagesize) {
    ArrayList<FromBank> list = new ArrayList<FromBank>();
    String sql = "select * from FromBank limit"
                + pageno + "," + pagesize;
    ResultSet selectSet = JDBCUtils.doQuery(sql, null);

    try {
      while(selectSet.next()) {
        FromBank FromBank = new FromBank(
```

```
                selectSet.getInt("fid"),
                selectSet.getString("fname"),
                selectSet.getFloat("fprice"),
                selectSet.getString("femail"),
                selectSet.getInt("fflag"));
            list.add(FromBank);
        }
        return list;
    } catch (SQLException e) {
        e.printStackTrace();
    } finally {
        try {
            JDBCUtils.close(selectSet,
                    selectSet.getStatement(),
                    selectSet.getStatement().getConnection()
                    );
        } catch (Exception e) {
            e.printStackTrace();
        }
    }
    return null;
}

@Override
public int getCount() {
    String sql = "select count( * ) as t from orders";
    ResultSet resultSet = JDBCUtils.doQuery(sql, null);

    try {
        if(resultSet.next()){
            int count = resultSet.getInt("t");
            return count;
        }
    } catch (SQLException e) {
    }
    return -1;
}
```

提现页面的代码如下：

```
<table align = "center" style = "font-size: 15px">
  <thead>
  <tr>
    <th width = "150">账户名称</th>
    <th width = "150">提现金额</th>
    <th width = "150">邮箱</th>
    <th width = "150">转账状态(0:未转账,1:已转账)</th>
    <th width = "90">操作</th>
  </tr>
  </thead>
    <tbody>
    <c:forEach items = "${pagemodel.data}"var = "fromBank">
      <tr align = "center">
      <td class = "imgtd" height = "60">${fromBank.fname}</td>
      <td class = "imgtd">${fromBank.fprice}</td>
      <td class = "imgtd">${fromBank.femail}</td>
      <td class = "imgtd">${fromBank.fflag}</td>
      <td>
        <a href = "<% = basePath %>FromBankServlet?
          op = upd&fid = ${fromBank.fid}"
          class = "tablelink">确认转账
        </a>
      </td>
      </tr>
    </c:forEach>
    </tbody>
  </table>

  <div class = "zxf_pagediv"></div>
  </section>
  <footer class = "footer"> </footer>
  <script src = "js/jquery.js"></script>
  <script src = "js/js.js"></script>
  <script src = "js/time.js"></script>

  <script src = "<% = basePath %>js/zxf_page.js" type = "text/javas-
cript"></script>
```

```
<script type="text/javascript">
  $(".zxf_pagediv").createPage({
    pageNum: "${pagemodel.totalPageCount}",
    current: "${pagemodel.pageno}",
    backfun: function (e) {
      location.href = "FromBankServlet?" +
        "op=findAll&pageno=" + e.current;
    }
  },"FromBankServlet?op=findAll");
</script>
```

记录中已显示分页。

(二)修改转账状态

根据转账情况,修改转账状态。点击“确认转账”,代码如下:

```
<a href="
<%=basePath%>FromBankServlet?op=upd&fid=${fromBank.fid}"
class="tablelink">确认转账
</a>
```

要修改转账状态,需要传递 fid,用于确认相关的提现记录。根据设定的规则,0 为“未转账”,1 为“已转账”。只需要根据 ID 将“fflag”的字段值修改为 1 即可。实现方法的代码如下:

```
  private void upd(HttpServletRequest request, HttpServletResponse re-
sponse)
      throws ServletException, IOException, ParseException {
    String fid = request.getParameter("fid");
    dao.upd(fid);
    findAll(request, response);
  }
```

Dao 接口的代码如下:

```
void upd(String fid);
```

Dao 修改转账状态的代码如下:

```
@Override
public void upd(String fid) {
```

```
    String sql = "update frombank set fflag = 1 where fid = ?";
    String[] param = { fid + ""};
    JDBCUtils.doUpdate(sql, param);
}
```

点击链接前的运行结果如图 8-28 所示。

账户名称	提现金额	邮箱	转账状态(0:未转账，1：已转账)	操作
汉广科技	100.0	2002001@qq.com	1	确认转账
天朝网络	150.0	125846@163.com	0	确认转账
菜鸟驿站	500.0	789451263@qq.com	1	确认转账

上一页　1　2　下一页

共2页，到第　1　页　确定

图 8-28　点击链接前的运行结果

点击链接后的运行结果如图 8-29 所示。

账户名称	提现金额	邮箱	转账状态(0:未转账，1：已转账)	操作
汉广科技	100.0	2002001@qq.com	1	确认转账
天朝网络	150.0	125846@163.com	1	确认转账
菜鸟驿站	500.0	789451263@qq.com	1	确认转账

上一页　1　2　下一页

共2页，到第　1　页　确定

图 8-29　点击链接后的运行结果

打开数据库工具，查看数据并进行校验，校验结果如图 8-30 所示。

fid	fname	fprice	femail	fflag
1	汉广科技	100	2002001@qq.com	1
2	天朝网络	150	125846@163.com	1
3	菜鸟驿站	500	789451263@qq.com	1
4	地丰公寓	103.5	4521892@163.com	0
5	兰雀企业	456.2	2394329@qq.com	1

图 8-30　校验结果

(三)添加提现记录

添加提现记录的代码和前几小节的添加功能类似，此处只列出核心代码。JSP 核心代码如下：

```
<form action = "<% = basePath %>FromBankServlet? op = add" method = "post">
    <div class = "">
        <label for = "providerId">账户名称：</label>
```

```
            <input type = "text" name = "fname" id = "providerId"/>
        </div>
        <div>
            <label for = "providerName">付款金额:</label>
            <input type = "text" name = "fprice" id = "people"/>
        </div>
        <div>
            <label for = "people">邮箱:</label>
            <input type = "text" name = "femail" id = "people" >
        </div>
        <div>
      <label for = "phone">
转账状态(0:未转账,1:已转账):
</label>
           <input type = "text" name = "fflag" id = "phone"/>
        </div>
        <div class = "providerAddBtn">
            <input type = "submit" value = "保存" />
            <input type = "button" value = "返回" onclick = "history.back(-1)"/>
        </div>
</form>
```

控制器核心代码如下：

```
  private void add(HttpServletRequest request, HttpServletResponse response)
      throws ServletException, IOException, ParseException {
    FromBank fromBank = new FromBank();
    String fid = request.getParameter("fid");
    String fname = request.getParameter("fname");
    String fprice = request.getParameter("fprice");
    String femail = request.getParameter("femail");
    String fflag = request.getParameter("fflag");

    fromBank.setFid(Integer.parseInt(fid));
    fromBank.setFname(fname);
    fromBank.setFprice(Float.parseFloat(fprice));
    fromBank.setFemail(femail);
    fromBank.setFflag(Integer.parseInt(fflag));
```

```
    dao.add(fromBank);

    findAll(request, response);
  }
```

Dao 接口实现方法的代码如下：

```
  @Override
  public void add(FromBank fromBank) {
     String sql = "insert into frombank(fname, fprice, femail, fflag)
values(?,?,?,?)";
    String[] param = {fromBank.getFname(),fromBank.getFprice() + "",
fromBank.getFemail(),fromBank.getFflag() + ""};
    JDBCUtils.doUpdate(sql, param);
  }
```

添加提现页面如图 8-31 所示。

点击“保存”后，可以查询所有记录，最后一条记录即为添加的提现记录，如图 8-32 所示。此时，提现管理模板的 3 个功能都已经实现。

图 8-31　添加提现页面

图 8-32　查询提现记录页面

第四节　项目调试部署

(一)运行项目工程

运行项目工程，右击项目工程文件夹，如图 8-33 所示。

(二)选择 Tomcat 进行项目部署

选择服务器进行项目部署，如图 8-34 所示。

(三)项目启动

项目启动如图 8-35 所示。

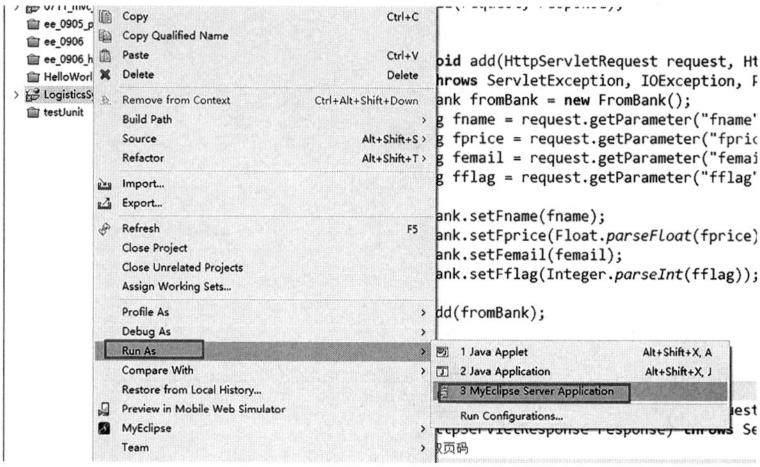

图 8-33 部署工程

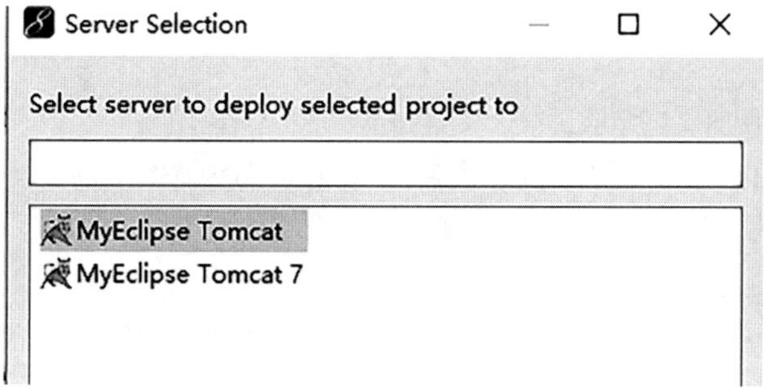

图 8-34 选择服务器

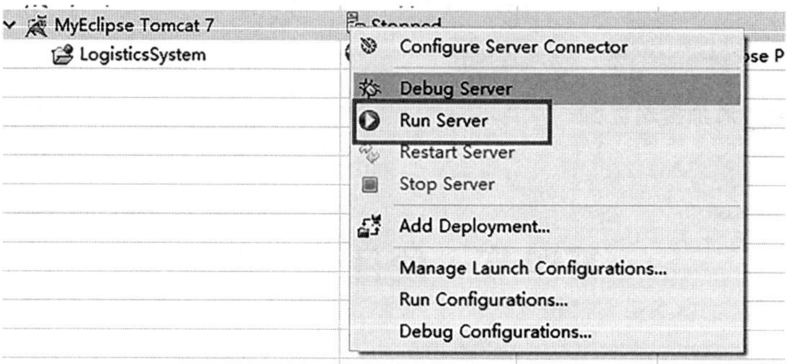

图 8-35 项目启动

(四)控制台打印

程序执行控制台打印,正常输出即可。

(五)访问登录链接进入系统

登录链接“http://localhost:8080/LogisticsSystem/login.jsp”。

（六）前端调试

前端调试主要依靠浏览器自带的 F12 开发工具。这里使用 Chorme 浏览器进行调试。打开开发者工具，查看 NetWork，从这里很容易找到后端发送的请求以及返回的内容。图 8-36 和图 8-37 与本案例无关，仅供操作参考。

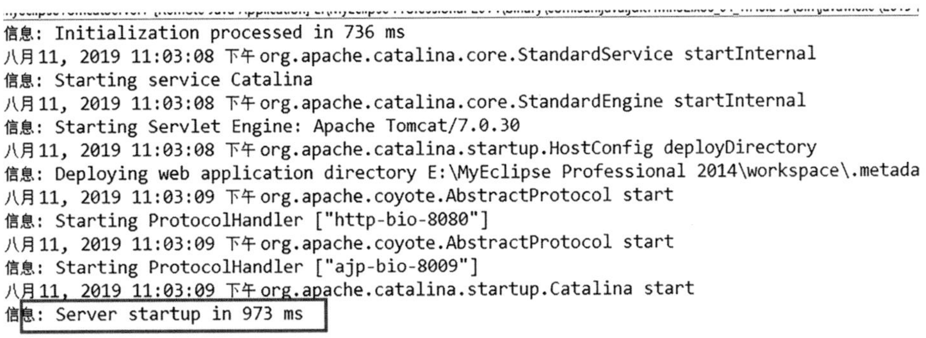

图 8-36　启动 WebServer 的运行结果

通过 URL 路径可以找到具体的请求方法，请求方式如图 8-38 所示。

通过返回内容可以判断返回的结果是否为预期结果。调试器查看接口返回信息的页面如图 8-39 所示。

此外，还可以使用 F12 中的 Source 查看 JSP、JS 等服务器的当前请求返回到浏览器上的静态文件，如图 8-40 所示。

console：控制台，可以打印输出信息 。

elements：元素，通过鼠标指针可以很方便地找到页面上对应的源代码。将鼠标放到指定按钮的位置，就会看到对应的 HTML 内容，找到 ID 属性以及事件等。查看“修改”按钮 HTML 元素信息的页面如图 8-41 所示。

（七）后端调试

后端调试即在 Java 代码中进行调试。调试需要使用 Debug 模式，启动 Tomcat 服务器。后端调试如图 8-42 所示。在需要调试的代码上打上断点，按 F6 就可以逐行查看，按 F8 可以跳过当前断点。在 BusinessServlet 的 add()方法中打上断点，如图 8-43 所示。此时，浏览器访问“添加代理商”功能，并输入信息，其页面如图 8-44 所示。点击“保存”后，后台将进入断点模式，其运行结果如图 8-45 所示。

选中想要查看的变量，点击右键，再点击“Inspect”，即可查看到变量值，如图 8-46 所示。

增加企业用户时，断点变量的相关信息如图 8-47 所示。

通过以上操作，可以在项目开发过程中实时调试程序，加快开发进度。

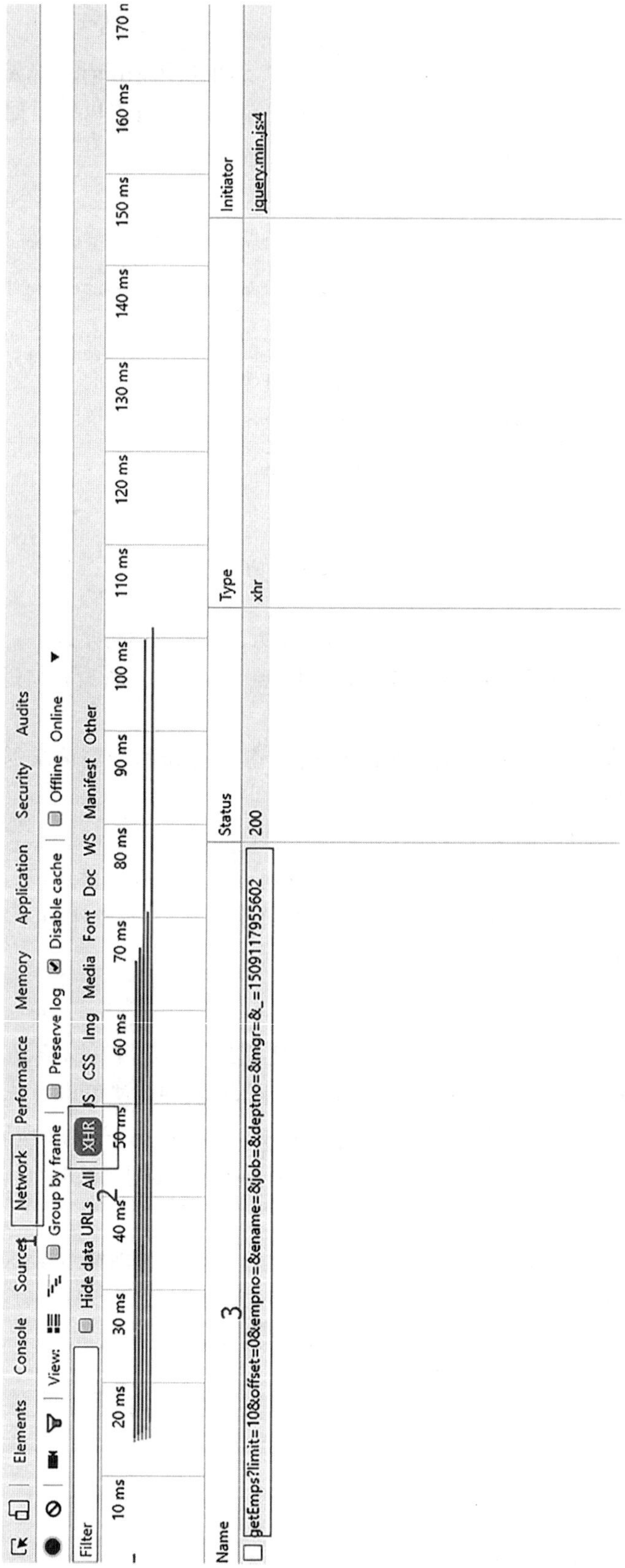
Elements
Console
Sources
Network
Performance
Memory
Application
Security
Audits
View:
Group by frame
Preserve log
Disable cache
Offline
Online
Filter
Hide data URLs
All
XHR
JS
CSS
Img
Media
Font
Doc
WS
Manifest
Other
1
2
3
Name
Status
Type
Initiator
getEmps?limit=10&offset=0&empno=&ename=&job=&deptno=&mgr=&_=1509117955602
200
xhr
jquery.min.js:4

图 8-37 前端调试

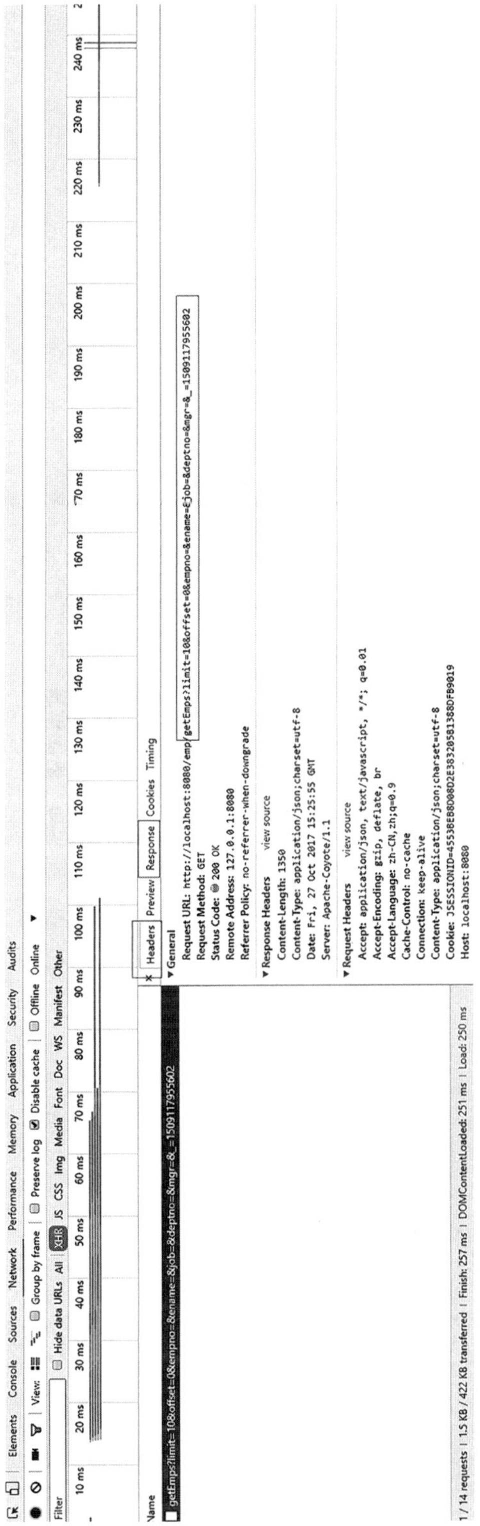

图 8-38 请求方式

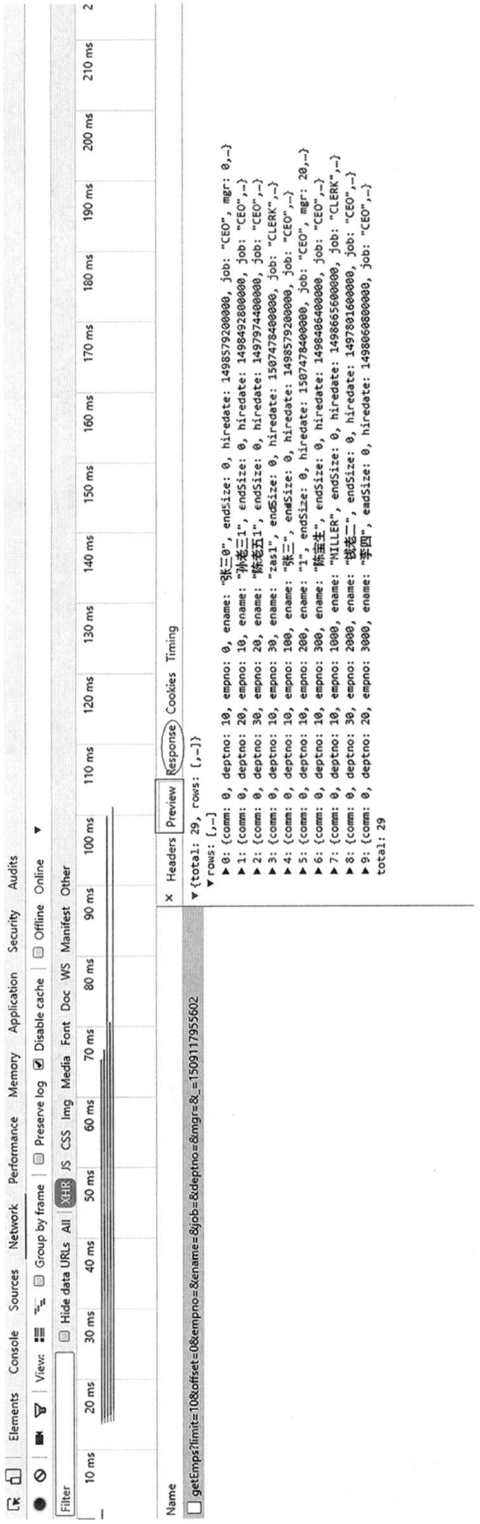

图 8-39 调试器查看接口返回信息的页面

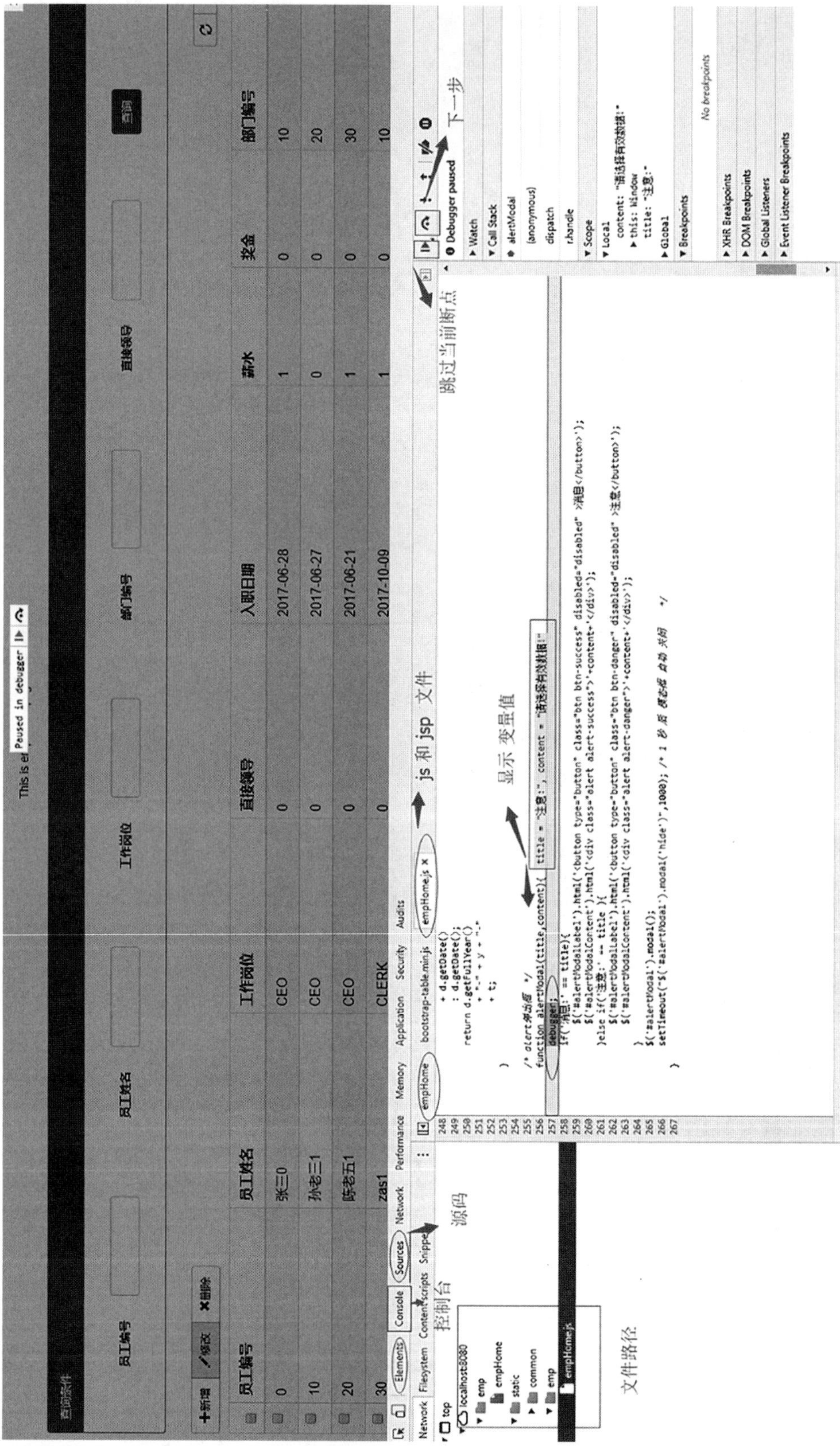

图 8-40 返回信息

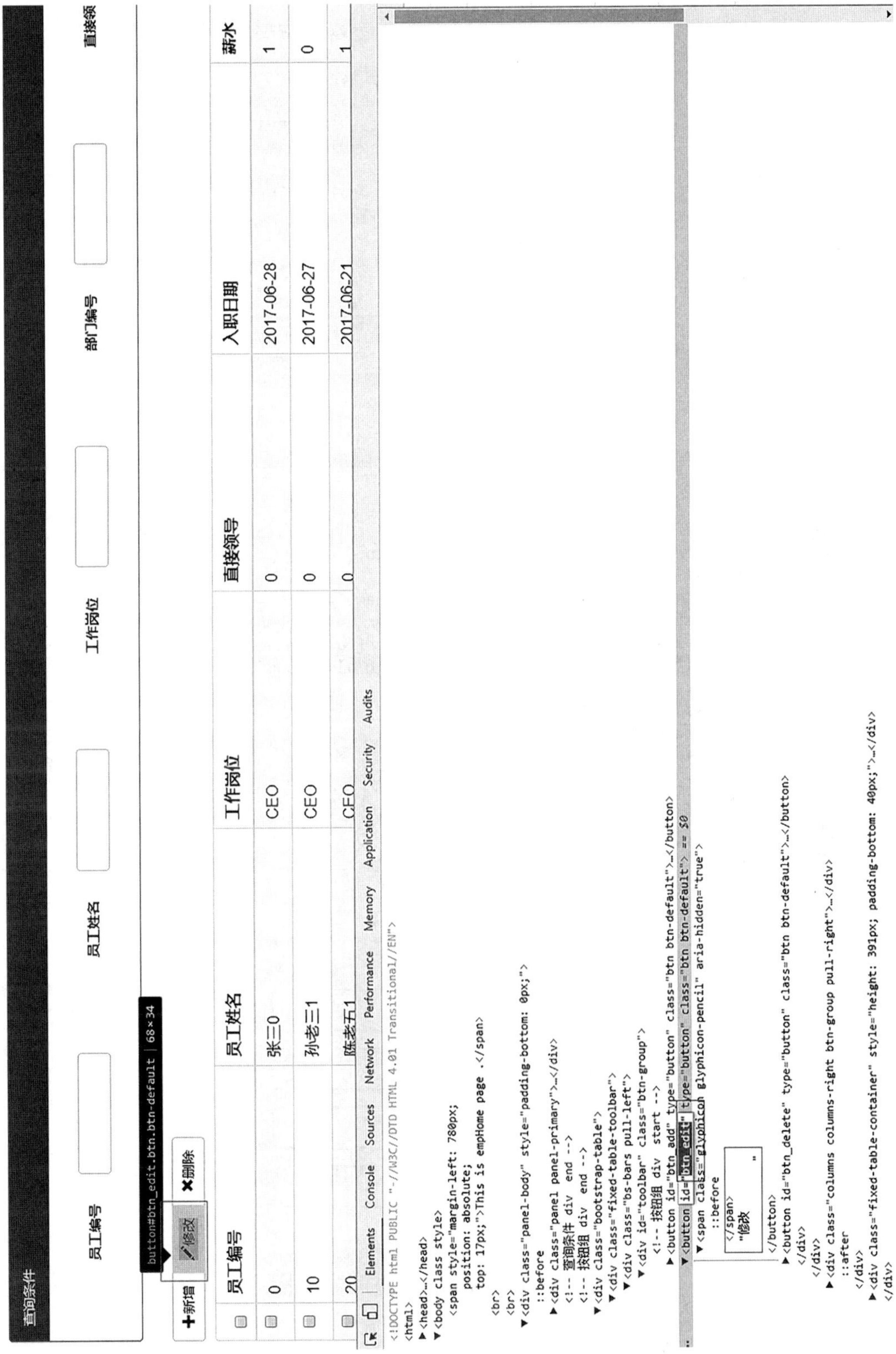

图 8-41 查看"修改"按钮 HTML 元素信息的页面

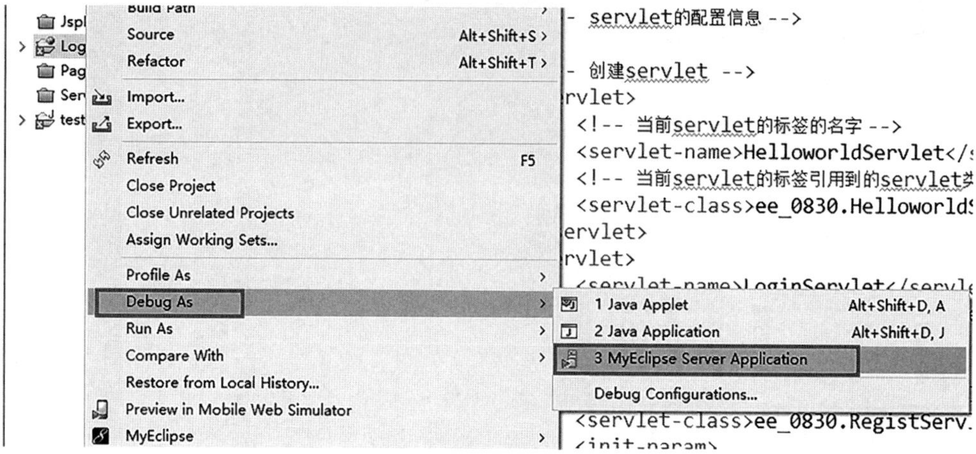

图 8-42　后端调试

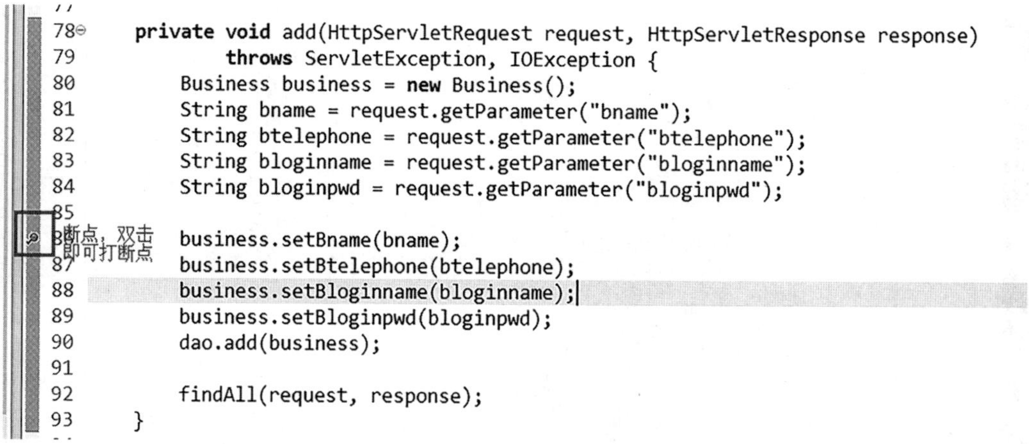

图 8-43　设置调试断点

图 8-44　添加代理商页面

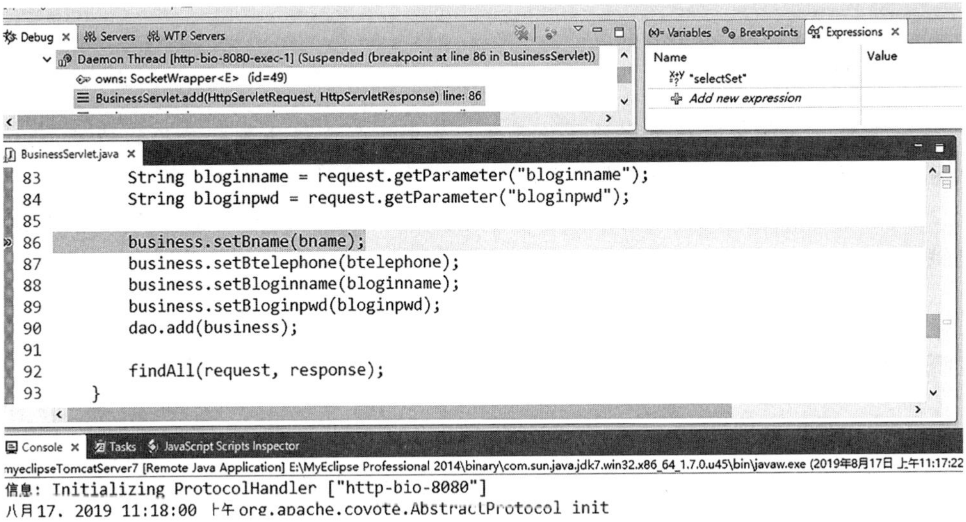

图 8-45　增加企业用户调试断点的运行结果

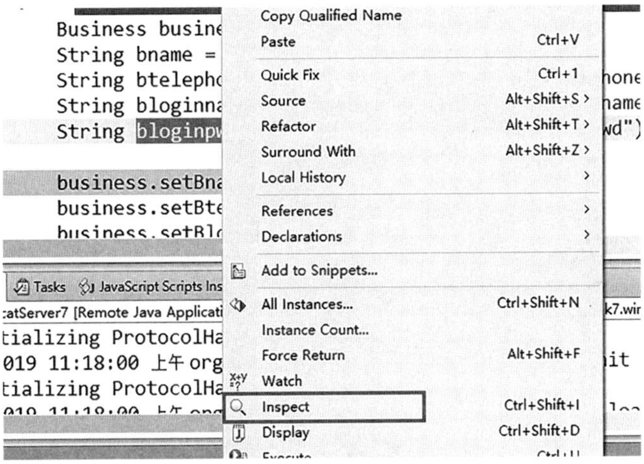

图 8-46　点击“Inspect”

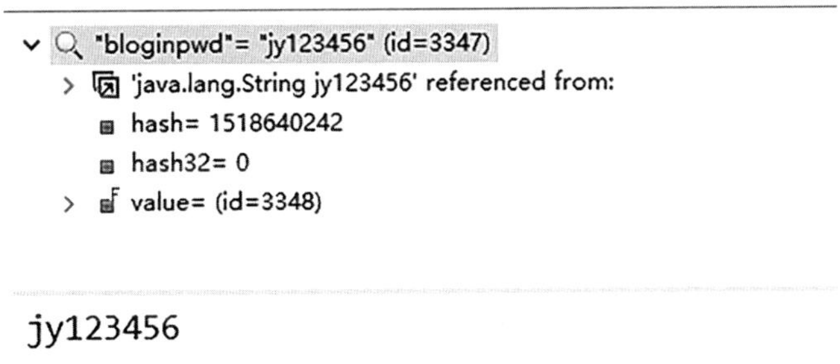

图 8-47　断点变量的相关信息

本章小结

1. 本章实现了对物流管理平台的简单开发。其中的每个模块都有自己的功能，虽然功能各不相同，但基本为增、删、改、查几类。由此可知，对数据库的增、删、改、查尤为重要。

2. 通过本章的项目实践，开发者能更加明确 Web 层、业务层和持久层之间的联系，加深对结果进行封装传递的理解，也能更全面地认识整个项目的业务流程。

练习巩固

1. 将本章案例改成用 Oracle 实现。

2. 本章案例中只显示了物流订单管理，请自行参考线上网站，设计并实现订单详情页面管理。

3. 参考网络需求，自行设计一款网上商城系统，要求实现前台用户访问系统和后台管理员管理系统。(提示：可实现类似京东商城的商家入驻功能。)

参考文献

[1] 赵克玲. Java Web 技术及案例开发[M]. 北京:清华大学出版社,2023.

[2] 叶晓彤,沈士根. Web 程序设计——Java Web 实用网站开发(微课版)[M]. 北京:清华大学出版社,2023.

[3] 王娜. Java Web 项目开发案例教程[M]. 北京:清华大学出版社,2014.

[4] 张婵,罗佳,古凌岚. Java Web 应用开发项目化教程[M]. 北京:清华大学出版社,2023.

[5] 李文蕙,罗保山,刘嵩. Java Web 应用开发教程(项目式)[M]. 北京:人民邮电出版社,2022.

[6] 谭振江. Java Web 开发技术[M]. 北京:人民邮电出版社,2019.